Die Forsten

des

regierenden Fürstenhauses Reuß j. L.

in der Zeit

vom 17. bis zum 19. Jahrhundert.

Ein Beitrag zur Geschichte des deutschen Waldes

von

Ph. Sieber,
Fürstlich Reußischem Oberförster.

Berlin.
Verlag von Julius Springer.
1902.

ISBN 978-3-642-51279-7 ISBN 978-3-642-51398-5 (eBook)
DOI 10.1007/978-3-642-51398-5

Vorwort.

Hiermit übergebe ich eine Schrift der Öffentlichkeit, die hauptsächlich auf Grund der im Fürstlichen Hausarchiv zu Schleiz vorhandenen alten und älteren Forstakten ausgearbeitet worden ist.

Für einen Forstmann ist die Kenntnis der Vergangenheit des Waldes, seiner früheren Bestockung und Bewirtschaftung nicht nur von Interesse, sie ist auch von praktischer Bedeutung. Denn, da wir das Bestehende als eine Entwicklungsstufe des Vergangenen ansehen müssen, so können wir zu recht unrichtigen Schlüssen gelangen, wenn wir bei Beurteilung der Gegenwart die Entwickelungsvorgänge, welche zu ihr geführt haben, vernachlässigen. Aber auch sonst glaube ich annehmen zu dürfen, daß die Teilnahme an der Geschichte der Heimat es manchem erwünscht erscheinen läßt, etwas von dem Walde älterer Zeit und seinen Schicksalen zu erfahren. Sollten jenseits der Grenzen unseres engeren Vaterlandes die Geschichte des Waldes auf einem kleinen Gebiete, die uns doch in mancher Beziehung zu verallgemeinernde Schlüsse liefert, bei Einzelnen, die Interesse für Forstgeschichte haben, Beachtung finden, so hat nach meinem Dafürhalten die Veröffentlichung dieser Arbeit, die zunächst nur zu meiner Belehrung begonnen wurde, ihren Zweck reichlich erfüllt.

Schleiz, im Mai 1902.

Ph. Sieber.

Inhaltsverzeichnis.

(Die eingeklammerten Zahlen bedeuten die Seitennummern.)

I. Einleitung.

Topographische Verhältnisse des Fürstentums Reuß j. L. (1). Geologische Übersicht (3). Statistik der gegenwärtigen Bodenbenützung (4). Verteilung des Waldes (5). Holzarten (6). Bewirtschaftungsart (8).

II. Das siebzehnte Jahrhundert.

1. Flößerei.

Wichtigkeit der Flößerei in alter Zeit (11). Holzmangel in der Nähe der Städte (11). Beginn der sächsischen Elsterflößerei (14). Beginn der reußischen Elsterflößerei, Floßkontrakte (15). Anlage von Floßteichen, insbesondere des Pöllwitzer Teiches und Herrichtung der Triebes als Floßgraben (17). Art des Flößereibetriebes (18). Menge des verflößten Holzes (19). Weitere Floßkontrakte (21). Herrichtung der Leuba zum Floßbache (22). Fortgang der Flößerei nach dem dreißigjährigen Kriege (22). Saalflößerei (23). Die ältesten Holzkontrakte (23). Verkaufte Massen, Holzpreise und Löhne (24). Die Saalflößerei in der zweiten Hälfte des siebzehnten Jahrhunderts (28). Nutzholzflößerei im sechszehnten und siebzehnten Jahrhundert, Nutzholztrift auf der Rodach (29).

2. Waldbeschreibungen und Abschätzungen.

Besichtigung der Lobensteiner Wälder 1618 (33). Reydenberg (33). Koselstein (33). Frankenwald (34). Lobensteiner Gehölze (41). Saalwald (42). Anschlag der Schleizer Forste (41). Schleizer und Oschitzer Wald (45). Köthenwald (45). Haide (45). Niederböhmersdorfer Wald (46). Obere und untere Haardt (46). Pöllwitzer Wald (46).

Teilungsvorschlag von 1647. Beschreibung der Lobensteiner Wälder (49). Saalburger Gehölze (50). Der obere Streitwald (51). Der Schleizer Wald. Gehölze bei Gera (51). Pöllwitzer Wald (52).

Beschreibungen der Schleizer Waldungen 1669 (53). Abschätzung der Hirschberger Gehölze 1678 (54). Bericht über den Zustand der Saalburgischen

Wälder 1686 (55). Waldbeschreibungen von 1698—1700 (57). Frankenwald (58). Saalwald (60). Koselstein (61). Gehölze bei Lobenstein (61). Forsterträge (62). Schleizer Wälder (63). Köthenwald (64). Streitwald (64). Herabsetzung der Brennholzabgaben aus dem Schleizer Walde (65).

3. Waldwirtschaft und Waldnutzung.

Holznutzung (66). Brennholzbezug (67). Bau- und Geräteholz (67). Köhlerei, Bergbau und Hüttenbetrieb (68). Holzhandel mittels der Flößerei (70). Beginn der Wäldnerwirtschaft nach Gründung des Dorfes Titschendorf (70). Form des Holzverkaufs (71). Das Anweisen (72). Floßholzschläge und Kohlgehaue (73). Aschebrennen (74). Gründung der Grumbacher Glashütte (74). Pech- und Harznutzung (77). Waldweide (79). Grasnutzung (82). Anlegen von Geräumden (82). Schneideln von Futterstreu (84). Moosscharren (84). Jagd, Wild (85). Fischerei (86). Vogelstellen (87). Forsterträge (87). Waldpflege (88). Waldordnungen (89).

III. Das achtzehnte Jahrhundert und spätere Zeit.

1. Waldbeschreibungen und Abschätzungen.

Beschreibung der Ebersdorfer Forste 1714 (95). Koselstein (95). Kulm (96). Frankenwald (96). Saalwald (98). Abschätzung der Ebersdorfer Forste 1747 (98). Frankenwald (100). Koselstein (102). Saalwald (102). Gesammtertrag (103). Pöllwitzer und Niederböhmersdorfer Forst, nebst der Haide und der Haardt 1740 (103). Wurzbacher Revier 1792 (105). Grumbacher Revier 1795 (106). Pottigaer Forst, oberer Teil des Saalwaldes 1797 (106). Nonnenfraß 1795—1798 (107). Schleizer Wald 1798 (107). Köthenwald 1797 (108). Streitwald 1797 (109). Pöllwitzer Wald 1805 (109). Derselbe nebst dem Neuärgernisser Revier (Niederböhmersdorfer Wald) 1810 u. 1811 (109). Die Haide (111).

2. Die Wirtschaft im Walde.

Memorandum betr. Aufstellung einer neuen Waldordnung 1725 (112). Änderung der Ansichten zu Gunsten des schlagweisen Betriebes (113). Bericht über den Zustand der Ebersdorfer Forstverwaltung 1784 (115). Wäldnerwirthschaft (115). Waldordnung 1792 (116). Beginn des Holzanbaus (117). Angebaute Holzarten (118). Kurze Übersicht über die Entwickelung der Wirtschaft im Walde (120). Änderungen in der Aufbereitung und beim Verkauf des Holzes (121). Flößerei (121). Nutzholzflößerei auf der Saale (125). Erster Beginn von Wegebauten (125). Anlage von Schneidemühlen (126). Köhlerei und Hüttenbetrieb (126). Aschebrennen und Glasindustrie (127). Pechsieden (128). Moos- und Streuscharren (128).

IV. Die Veränderungen der Waldbestockung von alter Zeit bis zur Gegenwart.

Waldrodungen ältester Zeit (131). Zustand des Waldes Ende des 16 Jahrhunderts (132). Stärkere Abholzungen infolge Aufblühen des Hüttenbetriebes und infolge des Floßholzhandels (133). Mehrung der Schäden der Waldweide (134). Holzmassenerzeugung des alten Waldes (135). Waldbilder in alter Zeit (136). Sümpfe (137). Wechsel der Holzarten (138). Rückgang von Tannen und Buchen, Mehrung der Fichten (139). Verbreitung der Kiefer (144). Bergahorn (147). Eiche (149). Linde (149). Birke (149). Erle (150). Ulme (150). Esche (150). Eibe (150). Die Flurnamen nach ihrer Brauchbarkeit zur Beurteilung des früheren Waldzustandes (151). Ergebnis der Untersuchungen (154).

V. Anhang.

1. Rezeß betr. den Pöllwitzer Wald 1597 (158). 2. Flächenmaße (160). Holzraummaße (163). 3. Schleizer Brennholzpreise von 1600—1900 (166).

I. Einleitung.

Die dem ostthüringischen Bergland angehörenden Waldungen des Fürstentums Reuß j. L. stocken auf einem etwa 85 Kilometer in nordöstlicher Richtung zwischen 50° 22′ und 50° 58′ nördlicher Breite sich erstreckenden Flächenraume, der zwischen 29° 7′ und 29° 49′ östl. L. gelegen eine größte Breite von 25 Kilometern besitzt. Sie gehören fast ganz zum Flußgebiet der Saale, die die südwestliche Hälfte dieser Gegend in nahezu nördlichem Laufe durchschneidet und ihre Abflußwässer in zahlreichen Zuflüssen aufnimmt, von der im Sommer oft trockenen Rinne an bis zu stattlichen Bächen. Der nordöstliche Teil des Gebietes läßt seine Gewässer der hier nördlich und nordwestlich laufenden weißen Elster zufließen, die sich erst auf einem weiteren Umwege vor Halle mit der Saale vereinigt.

Nur das südwestliche Stück des bezeichneten Raumes liegt außerhalb des Flußgebiets der Saale in dem des Mains. Es ist dies die eine südwestliche Hälfte des reußischen Frankenwaldes und umfaßt einschließlich zweier inneliegenden Ortsfluren nur etwa 3000 Hektare.

Die Wasserscheide zwischen dem Maine und der Saale läuft an dem in alter Zeit hier die hohe Straße genannten Rennsteige hin, der bei einer weithin sichtbaren Berghöhe, dem Schlegeler Kulm, in den Frankenwald eintritt und ihn zwischen dem reußischen Dorfe Grumbach und dem meiningischen Brennersgrün wieder verläßt. Auch hier gilt, was Scheffel von diesem alten Gebirgswege in schönen und treffenden Worten sagt:

Du sprichst mit Fug, steigst du auf jenem Raine,
Hie rechts, hie links! Hie Deutschlands Süd, dort Nord.
Wenn hier der Schnee schmilzt, strömt sein Guß zum Maine,
Was dort zu Thal träuft, rinnt zur Elbe fort.

Die höchsten Erhebungen des zu betrachtenden Gebietes mit 720—730 Metern liegen in dem Frankenwalde, die tiefsten Punkte im nordöstlichen Teile, in der Elsteraue mit etwa 170 Metern.

Der allgemeine Charakter der Gegend ist der eines Hügellandes, welches sich in nordöstlicher Richtung langsam abdacht. Dabei ist der südwestliche Teil der bergigere, indem daselbst die Höhenunterschiede bedeutendere und die Erhebungen massigere sind. Doch senken sich ähnlich wie im übrigen Gebiete auch hier die Hänge und Talwände meist mäßig steil nieder und keine Gipfel, sondern plateauähnliche Flächen und breite Rücken finden wir auf den Höhen. Nur da, wo Eruptivgesteine zu Tage getreten sind, oder wenigstens das darüber liegende Schichtgebirge stark gehoben haben, sieht man auch ausgeprägte Gipfel, welche die Landschaft beherrschen, wie den schon genannten Kulm, einen Diabaskegel, oder den Hennberg bei Weitisberga, einen Granitdurchbruch. Wesentlich andere Beschaffenheit zeigt das Gelände in mehreren tief eingeschnittenen Tälern, vor allem in dem der Saale. In diesem fallen die Hänge stark ab. Felsige Steilwände von 100 m und darüber treten hier häufig dicht an den in vielen Windungen hinfließenden Fluß und schaffen mit der Waldbestockung nicht allzustark geneigter Flächen und mit den nahe dem Haupttale ähnliche Formen und Verhältnisse aufweisenden Seitentälern Bilder von hohem landschaftlichen Reize, Bilder, in die an Erweiterungen des Tales einige Ortschaften und zahlreichere Einzelniederlassungen angenehme Abwechselung bringen.

Nächst dem Saaltal ist der bedeutendste Einschnitt das Tal der Sormitz im westlichsten Teile. Dieser Zufluß der Saale nimmt die Abwässer des nordwestlichen Teiles des reußischen Frankenwaldes auf und führt sie in nördlich und nordwestlich gerichtetem Laufe weiter. Das Sormitztal ist jedoch verhältnismäßig breiter und seine Wände sind im ganzen weniger steil.

Zwischen der Saale und der Elster ist die Gegend einförmiger, indem hier die Erhebungen unbedeutender, die Täler weiter und flacher sind. Auch die Elster zeigt im sogenannten Unterland, im Geraer Landesteile, nicht mehr die prächtigen Landschaftsbilder wie wenige Wegstunden flußaufwärts, und nur im Westen ist die breite

Elsteraue in größerer Ausdehnung von bewaldeten Hängen eingefaßt. Hier, im Gebiete des Buntsandsteins, sieht man die eigenartigen Formen dieser Gebirgsart: mehr oder minder tief eingewaschene, steilböschige Schluchten, landüblich Gräben genannt, die sanft geneigte Höhenrücken annähernd gleicher Abdachung von einander scheiden.

Es sei an dieser Stelle über die geologische Beschaffenheit der Gegend nachstehendes erwähnt.

Im Oberlande und der Pflege Reichenfels bilden das Grundgebirge meist Tonschiefer und Grauwacken der paläozoischen Ära. Dieselben geben fast überall einen recht guten Waldboden, dessen Fruchtbarkeit hie und da, so namentlich im Frankenwald, im Revier Rodacherbrunn, durch Beschotterung mit Diabasen noch gesteigert ist. In dem ebengenannten Reviere finden sich Diabasdurchbrüche in großer Ausdehnung. Dieselben setzen im Lobensteiner Hauptreviere aus, beginnen aber wieder im Ebersdorfer Revierteile und erstrecken sich von hier aus in einem nordöstlich verlaufenden, etwa meilenbreiten Gürtel über Saalburg, Schleiz, bis über Hohenleuben hinaus, wobei sie freilich an Ausdehnung verlieren, je weiter man sich ihrer nordöstlichen Begrenzung nähert.

Aus den Diabasen sind Böden hoher Produktionskraft entstanden, soweit nicht Steilheit der Hänge oder mangelnde Zerkleinerung und Verwitterung des Gesteins das Gedeihen einer Waldbestockung erschweren und stellenweise unmöglich machen.

Geringe Standorte treffen wir hie und da im Gebiet des Silurs, wo Quarzite, Kiesel- und Alaunschiefer einen wenig fruchtbaren, auch flachgründigen Boden erzeugt haben. Kalke treten an einigen Stellen des Oberlandes auf, mit der Wirkung, daß sie den Boden verbessern. Es ist dies im Gebiete des Devons der Fall, wo auch Diabase sich vorzugsweise finden, während sonst die Kulmböden einerseits, die Untersilur- und Cambriumschichten andererseits durch Kalkmangel sich auszeichnen.

Im Unterlande ist auf dem stärker mit Wald bedeckten, links, d. h. westlich der Elster gelegenen Teile Buntsandstein das fast ausschließlich vorkommende Grundgebirge. Dieselbe Formation ist auch noch auf dem rechten Elsterufer bei Langenberg, Pohlitz und Steinbrücken vertreten. Im übrigen finden wir ältere und jüngere Gebirgsarten (Rotliegendes, Zechstein, tertiäre, diluviale Gebilde). Ihre ebenere Ausformung vereint, mit der großen Fruchtbarkeit der Verwitterungsprodukte, haben fast überall landwirtschaftlichen Betrieb hervorgerufen.

Das Klima ist im Durchschnitt ein gemäßigtes. Rauh ist es in den höheren Lagen, sodaß hier Obstbäume kein befriedigendes Gedeihen mehr finden; mild in den tieferen, wo Obstbäume und alle deutschen Laubhölzer gut fortkommen. In den mittleren Lagen dagegen, von 400—500 m Seehöhe, erreicht die Eiche bereits nicht mehr voll befriedigendes Wachstum.

Was nun die Waldbestockung betrifft, so ist diese in den einzelnen getrennt liegenden Landesteilen eine wesentlich verschiedene. Das Oberland (Landratsamtsbezirk Schleiz) ist nahezu zur Hälfte mit Wald bedeckt. Nach den Ergebnissen der 1900er Ermittelung der land- und forstwirtschaftlichen Bodenbenutzung enthält es

42,9	Hundertteile	Wald,
30,4	„	Acker- und Gartenland,
20,2	„	Wiesen,
3,0	„	Weiden und Hutungen,
3,0	„	Öd- und Unland, Wegeland und Gewässer,
0,5	„	Haus- und Hofräume.

Das Unterland dagegen (Landratsamtsbezirk Gera), hat nur

27,8	Hundertteile	Wald, dagegen
55,8	„	Acker- und Gartenland,
10,3	„	Wiesen,
2,2	„	Weiden und Hutungen,
3,0	„	Öd- und Unland, Wegeland und Gewässer,
0,9	„	Haus- und Hofräume.

Im ganzen Land sind vorhanden:

37,8	Hundertteile	Wald,
39,1	„	Acker- und Gartenland,
16,8	„	Wiesen,
2,7	„	Weiden und Hutungen,

3,0 Hundertteile Öd- und Unland, Wegeland und Gewässer,
0,6 " Haus- und Hofräume.

Reuß j. L. gehört daher zu den waldreichsten Gebieten des deutschen Reiches und übertrifft um ein beträchtliches die nur 25,9 Hundertteile aufweisende, mittlere Waldbestockung des deutschen Reiches.

Sowohl im Ober- wie im Unterland ist der Wald ungleichmäßig verteilt. In ersterem ist die Gegend bei Lobenstein, die südwestliche Hälfte, mit dem Franken- und Saalwalde die waldreichere, die nordöstliche bei Schleiz die waldärmere. Vom Landratsamtsbezirk Gera ist wiederum die abgetrennt liegende Pflege Reichenfels, welche einen geschlossenen Waldzusammenhang von 2500 ha, den Pöllwitzer und Niederböhmersdorfer Wald, enthält, größtenteils mit Wald bestockt. Dagegen nehmen die Holzungen im eigentlichen Unterland, dem um Gera gelegenen Landesteile, kaum ein Zehntel der Gesamtfläche ein.

Die Abgrenzung zwischen Wald und Flur ist im Oberlande häufig keine scharfe. Sogenannte Hutungen, auf denen oft kein Vieh mehr geweidet wird, bilden vielfach den Übergang von Wald zum landwirtschaftlich benutzten Gelände. Mögen diese Flächen, die nur eine geringe Grasnutzung geben, ihren jetzigen Charakter teilweise dadurch erhalten haben, daß hier der Wald nicht gründlich gerodet wurde oder auch die beabsichtigte Wiederaufforstung unterblieb, so kann man doch auch wiederum beobachten, daß im Laufe der Zeit vernachlässigte Wiesen sich vom angrenzenden Holzbestande aus mit natürlichem Anwuchse besiedelt haben.

Auch sonst sieht man auf freier Flur, namentlich auf Hügeln oder anderen, zur Rodung nicht geeigneten Plätzen, Horste, Gruppen und einzelne Bäume (meist Fichten), die als Überbleibsel einer früheren ausgedehnteren Waldbestockung anzusehen sind.

Schärfer ist die Abgrenzung zwischen Wald und Flur im Unterland, eine Folge des intensiveren Betriebes der Landwirtschaft.

Der weitaus überwiegende Teil des heimischen Waldes besteht aus Nadelholzbeständen; nach der erwähnten Statistik sind es 29996 ha oder 96,1% der gesamten Waldfläche, während Laubhölzer nur 1201 ha oder 3,9% bedecken. Bemerkenswert ist der verschiedene Anteil des Laubholzes im Ober- und Unterlande. In ersterem gibt es nach denselben Ermittelungen

223 ha oder 1,0% Laubholz,
23110 „ „ 99,0% Nadelholz,

in letzterem dagegen:

978 ha oder 12,4% Laubholz,
6886 „ „ 87,6% Nadelholz.

Dabei ist im unterländischen Bezirke wiederum die Verteilung des Laubholzes eine ganz ungleichmäßige. Es fehlt fast vollständig in der Pflege Reichenfels, macht dagegen in der Geraer Gegend nahezu ein Drittel der Waldbestockung aus. Freilich trifft man hier die Laubhölzer im geschlossenen Hochwalde nur in einigen Bestandskomplexen, der größere Teil liegt zerstreut in dem landwirtschaftlich benutzten Gelände und besteht vorwiegend aus Buschholz, das mit wenigem Oberholze durchsetzt ist und ein buntes Gemisch fast aller einheimischen Laubhölzer aufweist. Im Oberlande sehen wir gleichfalls hie und da isoliert gelegene Laubholzparzellen, die, zum fürstlichen Waldbesitz gehörig, meist parkähnlich bewirtschaftet werden und zu einem großen Teile nachweisbar künstlich angebaut worden sind.

Den Charakter der Gegend bestimmt die weitaus vorherrschende Fichte, welche fast überall in geschlossenen, gleichaltrigen Beständen vorkommt. Nächst ihr ist die Kiefer am ansehnlichsten vertreten, nicht nur als Mischholz in den Beständen des Hochwaldes, sondern auch vorherrschend auf mehr oder minder ausgedehnten Flächen. Freilich findet sie sich selten ohne wesentliche Beimengung, meist sind Fichten den Kiefernbeständen beigemischt und hier hat man die mannigfachsten Übergänge vom Kiefernwald, der höchstens als Unterwuchs Fichten enthält, bis zum Fichtenwald mit wenig eingesprengten Kiefern. Das Vorkommen der Kiefer ist kein gleichmäßiges. Sie fehlt fast vollständig im Frankenwalde und nimmt mit dem Abnehmen der Meereshöhe an Verbreitung zu, wobei sie in mittleren und höheren Lagen südliche Expositionen vorzieht. Im ganzen macht die Kiefer noch kein Achtel der gesamten Waldbestockung aus. Noch weniger ist die Tanne vertreten, die andererseits aber auch nirgends vollständig fehlt. Ihr Vorkommen beschränkt sich meist auf Beimischung sowohl in Fichten- als auch in Kiefernbeständen, doch sieht man sie hie und da auch rein oder wenigstens als vorherrschende Holzart. Der nächste Platz unter den Bäumen des Hochwaldes gebührt der Buche, die in ähnlicher Verbreitung wie die Tanne in den Fichten- und Tannenbeständen erscheint. Auch dort, wo ältere Buchen nicht zu erblicken sind, unterbricht sie nicht selten als Zwischen- und Unterwuchs die Monotonie des reinen Fichtenbestandes. Mit der Buche trifft man häufig in Gesellschaft den Bergahorn, namentlich auf den Höhen des Frankenwaldes, wo er einzeln, gruppen- und horstweise in die älteren und jüngeren Laubholzbestände eingesprengt ist. Die Eiche (Quercus sessiliflora) ist im Oberlande wenig vertreten, häufiger im Unterlande; hier ist sie auch in reinen Beständen*) vorhanden. Von den anderen einheimischen Laubhölzern ist die Birke in mittleren und tieferen Lagen häufig besonders den Kiefern beigemengt. In Beständen als vorherrschende Holzart zeigt sie sich gleichfalls. Die Erle (Alnus glutinosa) wird nicht mehr oft in Beständen vorgefunden, seit viele Erlenorte nach der Schlagführung mit Fichten aufgeforstet worden sind; sie begleitet aber regelmäßig die Wasserläufe und findet sich an feuchten Stellen einzeln, trupp- und horstweise. Hier kann man auch Eschen sehen, freilich nicht eben häufig und mehr in den tieferen Lagen. Die Weißerle (Alnus incana) ist nicht einheimisch, ist aber schon seit längerer Zeit angebaut worden, so daß auch einige ältere Bestände vorkommen. Aspenbestände gibt es nicht, auch ältere Bäume hat man wenig in dem geschlossenen Nadelholzwalde, dagegen siedelt sich diese nie angebaute und nie gepflegte Holzart immer wieder an lichten Stellen, namentlich im Laubwalde, an. Das Auftreten von Linden und Ulmen ist zwar wirtschaftlich ohne Bedeutung, immerhin ist es beachtenswert, daß sie nicht nur im Unterlande, sondern auch im Oberlande unangebaut anzutreffen sind, hier freilich nur vereinzelt und zwar hauptsächlich an den wenig bewirtschafteten

*) Diesen ist Qu. pedunculata in der Minderzahl beigemischt. Eine Probefläche der Königl. sächs. forstlichen Versuchsanstalt im Ernseer Revier enthält nach Angabe dieser 78% sessiliflora, 22% pedunculata.

und zu einem regelmäßigen Betriebe ungeeigneten steilen Saalhängen, die überhaupt zu einem Teile Laubholzbestände tragen.

In mannigfacher Vermischung sind die Laubhölzer im Mittelwalde vertreten, der im Unterland nicht nur wie erwähnt in isoliert gelegenen Parzellen, sondern auch im Zusammenhange mit Hochwald vorkommt. Hier finden wir außer den erwähnten Laubhölzern auch noch Hainbuchen, Feldahorne und andere einheimische Bäume und Sträucher. Im Oberlande hat man die Mittelwaldform im geschlossenen Walde nicht, dagegen in den erwähnten parkähnlich bewirtschafteten Parzellen. Die reine Niederwaldform ist, abgesehen von wenig ausgedehnten Weidenhegern, selten. Von nicht einheimischen Holzarten sind Lärche und Weimutskiefer beachtenswert. Die erstere ist, wie ältere Bäume und Bestände zeigen, schon seit langem hier angebaut worden. Von der letzteren findet sich älteres Holz nur in einzelnen Bäumen, dagegen ist sie nicht selten sowohl bestandsweise als auch einzeln in den jüngeren und jüngsten Altersklassen vorhanden. Andere ausländische oder nicht einheimische Holzarten sind ohne Bedeutung.

Die Bewirtschaftungsweise des Waldes ist eine sehr verschiedenartige. Inden Waldungen des Fürstenhauses herrscht der Kahlschlagbetrieb vor, ebensowie auch gegenwärtig in den bäuerlichen Waldungen, wo, wie die Bestandsbilder zeigen, früher in ausgedehnterer Weise gefemelt worden ist. Dabei ist aber in den fürstlichen Forsten auch dem Plänterschlagbetriebe zur Herbeiführung und Benutzung natürlichen Anwuchses und mit Anwendung von Unterbau ein ziemlicher Raum gegeben. An anderen Stellen haben Rücksicht auf das landschaftliche Bild oder auf die Auerwildjagd zu diesem Betriebe geführt. Angebaut wird vorzugsweise die Fichte, auf ärmerem Boden auch Kiefer, meist in Vermischung mit ersterer. Der Tanne sucht man außer durch Begünstigung der natürlichen Verjüngung durch Voranbau in licht gestellten Orten oder durch Aufforstung kleiner Flächen, namentlich auf schmalen Schlägen, einen geringen Anteil an der Waldbestockung zu sichern. In ähnlicher Weise wird eine Beimengung von Laubhölzern, namentlich von Eschen, Ahornen, Buchen, erstrebt. Von ausländischen Holzarten wird die Weimutskiefer häufig gepflanzt, sowohl zur

Füllung älterer Nadelholzkulturen als auch bestandsweise, rein oder in Vermischung, und zwar **namentlich mit Lärche**; diese wird auch sonst in gleicher Weise wie die Weimutskiefer verwendet.

Die Behandlung der bäuerlichen Gehölze ist leider größtenteils eine recht schlechte, was umsomehr zu bedauern ist, als sie von der gesamten Bewaldung einen sehr beträchtlichen Teil ausmachen. Nach der mehrerwähnten Statistik betragen die Forsten des Fürstenhauses 53 Hundertteile, die Privatwaldungen 42 Hundertteile der gesamten Waldfläche, während nur 5 Hundertteile auf Gemeinde- und Stiftungsforsten kommen. Hierbei bleibt zu berücksichtigen, daß die Privatwaldungen fast ausschließlich bäuerliche sind.

Die Ertragsfähigkeit des bäuerlichen Waldes ist hauptsächlich durch eine übertriebene Nutzung des Mooses und der Nadelstreu vermindert worden. Jetzt überziehen vielfach Flechten und Beerkraut den Boden der Bestände, deren Aussehen meist nicht die natürliche Erzeugungskraft des Bodens vermuten läßt. Wenn nun auch das Moos- und Streuscharren, wohl hauptsächlich wegen der mit dem besseren landwirtschaftlichen Betriebe erfolgten Vermehrung der Stroherntе nachgelassen hat, so läßt doch das Ausschneideln der jungen Bestände den Boden nicht zu einer nachhaltigen Verbesserung kommen. Noch ehe die jungen Kulturen sich geschlossen haben und die Bestandsreinigung beginnt, fängt der Bauer an, meist sehr säuberlich mit der Säge, den jungen Baum ziemlich hoch hinauf aufzuasten und schafft so der Sonne und austrocknenden Winden Zugang zu dem für eine mäßige Streubedeckung so dankbaren Boden. Trotz vielfach versuchter Belehrung hält der Bauer mit der ihm eigenen Zähigkeit an der althergebrachten Unsitte fest. Durchforstungen, die oft recht notwendig wären, werden wenig ausgeführt. Dagegen wird auf die Kulturen meist eine anerkennenswerte Sorgfalt verwendet, die von der in immer weitere Kreise dringenden Kenntnis des Wertes des Waldes zeugt. Die Ausfüllung lückiger, unregelmäßiger Bestände, sowie die Neuaufforstung von schlechten Wiesen und Hutungen, die früher kaum je bemerkt wurde, sieht man jetzt häufiger von einsichtsvollen Besitzern vorgenommen. Man kann demnach auf eine langsame, aber dauernde Besserung der bäuerlichen Holzungen hoffen, die gegenwärtig schwerlich mehr als ein Drittel des normalen Ertrages geben.

Es war notwendig, uns im vorhergehenden einen Überblick über den jetzigen Zustand des Waldes zu schaffen, denn wenn wir rückwärts schauend versuchen wollen, uns ein Bild von seinem Zustand in älterer Zeit zu machen, Kenntnis von seiner damaligen Bewirtschaftung zu gewinnen und zu ermitteln, welche Wandlungen er im Laufe der Zeiten durchgemacht hat, so wird all dieses beim Vergleiche mit der Gegenwart schärfer hervortreten.

II. Das siebzehnte Jahrhundert.

1. Flößerei.

Die ältesten uns vorliegenden, ausführlicheren Nachrichten über die reußischen Forsten stammen aus dem Ende des sechszehnten Jahrhunderts und betreffen die Flößerei. Diese Art der Holzabbringung war in alter Zeit von großer Wichtigkeit, von einer ähnlichen Wichtigkeit wie die Zuführung der Steinkohlen auf den Eisenbahnen in der Jetztzeit. Denn das Holz als wenig wertvolle, schwer zu verbringende Ware vertrug damals bei dem schlechten Zustande der Straßen, die vor dem 19. Jahrhundert keinerlei festen Unterbau aufwiesen, und bei dem Mangel an Waldungen noch viel weniger als jetzt einen weiteren Transport. Der durch die Achse vermittelte Absatz beschränkte sich daher auf die dem Walde nahe liegenden Ortschaften und auch diese befriedigten ihren Bedarf möglichst aus den nahegelegenen Waldteilen*).

Auf diese Weise kam es, daß der Wald in der Nähe der Städte bald in einen solchen Zustand kam, daß man ernstlich auf Beschaffung von Holz aus entfernteren Gegenden bedacht sein mußte.

*) Die große Mehrzahl der Städte im Mittelalter hatte Einwohnerzahlen, die etwa zwischen 1500 und 5000 lagen (Mischler, Wörterbuch der Volkswissenschaft; Jena 1898. S. 370). Gera hatte 1647 2370 Einwohner, Schleiz 1550 (nach Brückner, Landes- und Volkskunde des Fürstentums Reuß j. L. Gera 1870). Nimmt man nun hiernach die Bevölkerung von Gera vor Beginn des dreißigjährigen Krieges zu 3000, die von Schleiz zu 2000 an, veranschlagt man ferner den Brennholzbedarf einer Familie auf 20 rm, so erhält man als Bedarf dieser mittleren Städte Holzmengen, die den Verschlag einer ziemlich bedeutenden Waldfläche bei intensiver Bewirtschaftung ausmachen. Hierzu kam noch der Bedarf an Bauholz sowie der bedeutende Verbrauch der Gewerbe (Bierbrauereien, Schmieden u. a.).

Denn hier, an abseits gelegenen Orten, wo nicht etwa Hüttenwerke oder andere holzverzehrende gewerbliche Anlagen dem Walde zugesetzt hatten, war noch Holz in Überfluß vorhanden.

Als Beispiel solcher Verhältnisse seien zunächst aus einer Beilage zu einem Schreiben Heinrich des Jüngeren, Posthumus genannt, an Heinrich den Mittleren und Fünften vom Jahre 1625 nachstehende Stellen aufgeführt. Das Schriftstück, von Heinrich Posthumus mit eigenhändigen Abänderungen versehen, hat zur Überschrift: „Ursachen, umb welchen willen die Holzflöße von dem Pellwizer walde uf die Tribiß zu bringen und fortzustellen.“

Es heißt darin:

„Bey gehaltener Besichtigung*) hat sich gefunden, daß im Pellwizer Walde das Fichten- und Tannenholz verfaulet vergeblich weg und niemand zu nuzen kommt. Denn obgleich Försterey gehalten wird, so lesen doch die Leute die besten und frischesten beume aus, die bußwirdigen aber bleiben stehen, darzu im abfallen schlagen die verkauften beume das junge Holz mit nieder, also das nichts sonderliches ufkommt und lezlich solcher gestalt das gehülz ziemblich verwüstet wird. Soll man es gleich zum Theil zu Brettern schneiden lassen, darzu zwar der zehende Baum nicht taugt, so können doch uf der Schneidemühl über 30 zum höchsten 40 Schock nicht geschnitten werden, weill Sommerszeit des wassers und des Teiches halben es sich nicht leiden will. Läßt man das Holz zu scheiten schlagen, so kauft solche niemand, soll man lassen verkolen, so will es den Kosten nicht ertragen. Weill dann hoch zu beklagen, daß ein solches gehülze nicht besser genutzt werden kann, da doch sonst in der Herrschaft Gera Mangel an Holze vorfället, und die Hofhaltung daselbst eine ziembliche notdurft an feuer- und bauholz haben muß, überdies auch die Stadt Gera bishero an Handwerks- und anderen leuten zugenommen, das sie zu ihrer Handtirung, brauen und anderen mehr Holz als zuvorhin bedürfen, also daß zu besorgen, daß die Geraischen

*) Diese fand am 10. u. 11. September 1624 statt.

und benachbarten Hölzer den Mangel in die Länge nicht werden ersetzen können, gleichwol ober der Churfürst zu Sachsen Seiner Churfürstl. Gnaden Gehülze zunächst dem Pellwizer Walde gelegen uf die Flöße bringen lassen will, und bei dieser occasion soviel zu erlangen ist, daß jährlich vom Pellwizer Wald etwas nach Gera vor die Hofhaltung geflößet werden kann, welches sonsten hernachmals schwerlich wird zu erhalten sein."

Ähnlich lagen die Verhältnisse in dem benachbarten sächsischen Vogtlande. Darüber berichtete eine zur Aufstellung einer Holzordnung berufenen Kommission an den Administrator von Kursachsen, Herzog Friedrich Wilhelm im Jahre 1595*):

„Wir können Ew. Fürstl. Gnaden aber schließlich unerinnert nicht lassen, obwohl das Amt Plauen in Holzland gelegen sein soll, daß wir doch in keinem der uns anbefohlenen Aemtern, die wir beritten, einen solchen Mangel an Holz denn dieses Orts gefunden, sonderlich aber kein grobes, überklaftriges Bauholz, Schindel- und Brettbäume oder anderes Geräth- und Schirrholz, daß also höchst nothwendig, daß diesem Orte, dem Rathe und Bürgerschaft zu Plauen mit Floßholz zu statten kommen werde, wie denn der Rath des Orts darum emsig solicitiret, daß ihm 1000 Klaftern ausgesetzt werden möchten. Auf was Mittel und Wege solches geschehen kann, das haben wir bei dem Amte Vogtsberg, da wir der Flöße und Floßholzes halben unsers Erachtens nothwendige Erinnerung gethan, ausführlich erinnert, ..."

Dagegen heißt es von den Auerbacher Wäldern zur selben Zeit in einem Berichte: „ist bisher noch niemand darin gewesen"**).

Um also einen Ausgleich zwischen dem Holzmangel in den dichtbevölkerten und dem Holzüberfluß in den wenig besiedelten Gegenden zu schaffen, konnte man sich nur der Flößerei bedienen.

---

*) C. v. Raab: Ein Beitrag zur Geschichte der Staatsforsten im Vogtlande, Plauen i. V. 1896. S. 17.

**) Derselbe S. 39, 40.

In den vogtländischen Waldungen geschah dies von Mitte des sechszehnten Jahrhunderts ab. Nachdem bereits 1555 im Amte Schwarzenberg eine Holzflöße auf dem Schwarzwasser durch Kurfürst August angelegt worden war, begann man nach Inpfandnahme des Vogtlandes im Jahre 1563 die damals hier käuflich erworbenen Wälder mittels der Mulden- und Elsterflöße nutzbar zu machen. Der Elsterfloßgraben wurde vom Jahre 1578 an gebaut und bereits Anfang des genannten Jahres schloß der Kurfürst einen Kontrakt mit zwei Unternehmern, die 30000 Klaftern käuflich erwerben und bis Podebuls im Amte Weißenfels flößen sollten*), wobei zur Begründung des Vertrages gesagt wurde, daß „das Brennholz in den kurfürstlichen Landen selten und teuer geworden, auch die Untertanen beim Holzkauf von den Angesessenen übersetzt würden".

Nachdem nun sächsischerseits die Flößerei durch Einrichtung von Floßämtern organisiert war, wurden nicht nur die kurfürstlichen Wälder mittels der Flöße ausgebeutet, es wurde auch sonst überall Holz gekauft, wo solches zu haben war. Von besonderer Wichtigkeit war die Zubringung von Holz für die Stadt Halle, welche wegen der Salzsiederei einen großen Bedarf hieran hatte. Da nun die sächsischen Elsterflöße bei Gera durch reußisches Gebiet gingen, so mußte die kursächsische Floßverwaltung um die Erlaubnis zum Durchflößen nachsuchen. Diese wurde anfangs wegen des Schadens an den Grundstücken und der Fischerei, sowie wegen Belästigung der Mühlen nur ungern gegeben, und es bedurfte, um sie herbeizuführen, im Jahre 1579 eines kaiserlichen Mandats, worin „allen und jeden, und sonderlich auch den Inhabern der Herrschaft Gera" befohlen wurde, solchem Floßwerk keine Verhinderung zuzufügen. Weil aber der 1579 daraufhin abgeschlossene Vertrag nur für 15 Jahre galt, so erhob nach Ablauf dieser der Vormund des jüngeren Reußen, des später um das Land so hochverdienten Heinrich Posthumus, Graf Otto zu Solms gegen die weitere Flöße Einspruch, freilich wiederum mit dem Erfolge, daß Sachsen einen kaiserlichen Entscheid veranlaßte, nach dem die Reußen das Flößen

*) C. v. Raab: Ein Beitrag zur Geschichte der Staatsforsten im Vogtlande, Plauen i. V. 1896. S. 82.

gestatten mußten, dagegen der durch die Flößerei verursachte Schaden ersetzt werden sollte.

Bereits in diesem Übereinkommen, welches auf 30 Jahre, bis 1628, abgeschlossen wurde, behält sich die Herrschaft Gera das Recht vor, eine gewisse Menge Holz auf der Elster nach Gera zu flößen. Es sollte die Stadt Gera sechs, sieben, meistens aber 800 Klaftern „zum Kalk- und Kohlenbrennen, vor das Bergwerk, auch vor die gemeine Bürgerschaft" bekommen. Vorher kann die Flößerei nur ganz geringfügig gewesen sein, denn es wird hinzugefügt: „was vorher nicht oder gar ein weniges geschehen".

Zunächst nun kaufte Heinrich Posthumus zur Versorgung der Hofhaltung und Stadt Gera im Jahre 1599 von Heinrich dem Ältern von Greiz 30000 Klaftern Holz, die innerhalb 30 Jahren geliefert werden sollten, gegen Gewährung einer Anleihe von 3000 Gulden*), die zu 5% verzinst werden mußten**). Die ersten sechs Jahre sollten die Zinsen vollständig mit Holz beglichen werden, später je nachdem mit Holz oder barem Gelde. Jede Klafter sollte 3 Ellen hoch und weit und 7/4 Ellen lang, das geringste Holz eines guten Armes dick sein. Die Orte, aus denen das Holz entnommen werden sollte, waren genau beschrieben, doch war den Greizern nachgelassen, auch in denselben Hölzern für ihre Untertanen Holz abzugeben. Die Klafter wurde mit 2 Groschen 9 Pfennigen auf dem Stocke bezahlt; es waren demnach zur Begleichung der jährlichen Zinsen schon 1145 Klaftern erforderlich. Das Hauen, Anfahren und Flößen wurde an den sächsischen Floßmeister Ficker vergeben. Von dem aus den Greizer Wäldern verkauften Holze wurden jährlich 800 Klaftern der Stadt Gera überlassen. Wenn man nun auch zuerst den Holzbedarf der Hofhaltung und der Stadt Gera aus den bequem gelegenen Greizer Waldungen

---

*) Meißener Gulden zu 21 Groschen (Abkürzung fl.).

**) Schon 1585 war ein großer Teil der in der Nähe der Elster liegenden Greizer Wälder an den Kurfürsten von Sachsen bis auf den Boden verkauft worden. Es sollten 200000 Klaftern geliefert werden, wovon 1631 noch 80000 Klaftern in Rückstand waren. Hierzu wird bemerkt: „Diese Hölzer mögen so groß gewesen sein wie der Pöllwitzer Wald und haben doch nur 120000 Klaftern gegeben."

deckte, so dachte man doch schon damals daran, die noch wenig genutzten sogenannten oberen Wälder, d. h. den Pöllwitzer Wald, damals noch das Gehörne*) genannt, und den Niederböhmersdorfer durch die Flöße nutzbar zu machen. Im Jahre 1603 kaufte sogar die Geraer Herrschaft von der Greizer deswegen das Dorf Pöllwitz, wobei sich diese den Rückkauf vorbehielt.

Der Vertrag lautet mit einigen Kürzungen:

„Zu wissen, daß zwischen dem wohlgeborenen edlen Herrn Heinrich dem älteren Reußen . . . ., Verkäufern und dem auch wohlgeborenen edlen Herrn, Herrn Heinrich dem jüngeren . . . ., Käufern folgender beständiger Wiederkauf dergestalt abgeredet und geschlossen worden, nämlichen der Herr Verkäufer thut vor sich, S. Gn. Leibes-, Lehns- und andre Erben und Nachkommen wohlerwähnten jüngeren Herrn Reußen von Plauen und auch desselben Leibes-, Lehns- und anderen Erben und Nachkommen sein des Herrn Verkäufers Dorf Pelwiz in die obere Herrschaft Graiz gehörig und uf desselben Leuten und Gütern 200 und 5 Gulden 5 Gr. 3 ₰ jährlicher, gewisser und beständiger Erbzins, Frohngelder und andere Einkommen . . . ., desgleichen mit der aus Freundschaft verwilligten Gerechtigkeit, daß der Herr Verkäufer und seine hernach mitbeschriebenen durch selbes Dorf uf der Leute, der Kirche und der Gemeinde Gütern gegen solche gebürliche Abstattung und Schadens-Ergänzung, die in Notfall uf unparteiischer Leute Erkenntniß beruhen soll, einen immerwährenden Floßgraben und darzu notwendige Teiche und andre notdürftige Zugehörungen das Scheitholz vom Gehörn und Pöllwizer Walde auch von anderen angelegenen Wäldern darauf nach Gerauw zu flößen, zu erbauen, zu machen und zu führen.“

Der Kaufpreis betrug 4105 Gulden, indem das zwanzigfache der Rente gefordert wurde. Der Vertrag galt auf zehn Jahre und machte nach Ablauf dieser Frist die Greizer Linie vom Recht des Wiederkaufs Gebrauch, denn 1631 ist das Dorf wieder in

*) Zu vergleichen Anhang 1.

ihren Händen, da in diesem Jahre davon die Rede ist, es wäre vorteilhaft, das Dorf durch Tausch zu erwerben.

Größere Bedeutung gewann die Flößerei für den Pöllwitzer Wald erst, nachdem der Pöllwitzer Teich durch Erhöhung des Dammes und Vergrößerung zu einem mächtigen Floßteich ausgebaut und die Triebes durch Erweiterung des Bachbettes auf 4 Ellen, sowie durch Geradelegung zu einem brauchbaren Floßgraben umgestaltet worden war. Ersteres geschah im Jahre 1622 und erforderte den für damalige Zeit sehr beträchtlichen Aufwand von 514 Gulden 7 Groschen, nach damaligen Tagelohnsätzen (3 und $3^1/_2$ Groschen) einem Arbeitsaufwand von mehr als 3300 Männertagelöhnen entsprechend. In den darauffolgenden Jahren finden häufige Verhandlungen wegen Anlage eines Floßgrabens vom Pöllwitzer Teich bis an die Triebes und weiterhin statt. Auch Kursachsen beabsichtigte aus dem Reiboldsgrüner Forst Holz auf der Triebes zu verflößen, lehnte es aber ab, in diesem Teile des Elstergebietes die Flößerei auf eigene Rechnung zu übernehmen und hat wohl tatsächlich von seinen dortigen Forsten nichts zur Flöße gebracht.

Für das beabsichtigte Floßgeschäft wurden nun verschiedene Rentabilitätsberechnungen aufgestellt, welche über die damaligen Löhne und über den Preis des Holzes Auskunft geben. Der Holzhauerlohn betrug hiernach für eine Klafter 3,5 sgr (Groschen), das Einwerfen 2,5 sgr, das Aussetzen und Aufspalten 1 sgr, das macht zusammen 10,5 sgr oder 0,5 fl (Gulden). Für Ausbau und Unterhaltung des Floßbaches sowie für Entschädigung an die Angrenzer wegen Erweiterung des Bachbettes, Anlage von Durchstichen behufs Geradelegung des Bachlaufes, wegen Beschädigung der Grundstücke beim Flößen selbst waren ferner namhafte Summen erforderlich. Dann mußten wegen Diebstahls und sonstigen Abgangs an Senkholz überhaupt 10 % des Einwurfes außer Rechnung gestellt werden. Da nun die Klafter Holz in Gera wenig mehr als einen Gulden kostete, so läßt sich denken, daß kein großer Gewinn herausgerechnet werden konnte, obwohl eine Floßholzmenge von 4000 Klaftern diesen Rechnungen zu Grunde gelegt wurde, eine Masse, die tatsächlich nie erreicht wurde.

Im Jahre 1631 war der Triebesfloßgraben fertiggestellt. Noch heut sieht man dem Laufe dieses Baches, der weniger gewunden als andere Bäche das Tal durchfließt, die ehemalige Korrektur an.

Nunmehr konnte mit der Flößerei in größerem Umfange begonnen werden. Der große Pöllwitzer Teich, zu dem noch ein Floßteich bei Wolfshain, wohl der „Mortelteich", schon damals hinzukam, fing die bei dem dortigen undurchlässigen Lehm- und Tonboden zeitweise starken Ablaufgewässer des südwestlichen Teiles des Pöllwitzer Waldes auf und gab der an und für sich nicht sehr wasserreichen Triebes die Kraft, auch größere Holzmengen bis an die kräftigeren Elsterzuflüsse der Auma und Weida zu tragen.

In Rücksicht auf diese Vergrößerung des Floßgeschäftes war ein neuer Floßkontrakt im Jahre 1630 abgeschlossen worden. Hiernach war der Herr von Gera berechtigt, vom Gehörne 4—5000 Klaftern einzuwerfen. Die Herstellung und Unterhaltung der Floßteiche und des Floßbaches war Sache der Reußen, welche auch Hauer-, Anfuhr- und Floßlohn zu tragen hatten, letzteres soweit, bis das kursächsische Holz auf der Auma oder Weida erreicht wurde. Die Eingabe war wie gewöhnlich 10 % des Einwurfes, indem auf 100 Klaftern 10 draufgegeben wurden. Von dem übrigen mußte der dritte Teil durch die Kursachsen in Gera für den Bedarf der Hofhaltung und der Stadt gegen Wiedererstattung des Aussetzerlohnes abgeliefert werden, die übrigen zwei Drittel bezahlte die sächsische Floßverwaltung mit 19 sgr für die Klafter, war auch verpflichtet, den Hauer- und Abfuhrlohn zurückzugewähren, so daß ihnen die Klafter auf 26 sgr zu stehen kam.

Das Verfahren bei der Flöße selbst war folgendes. Das geschlagene und in Klaftern ungespalten aufgesetzte Holz wurde im Walde von den reußischen und sächsischen Beamten gemeinsam abgepostet, um sodann abgeflößt zu werden. Die auszusetzende Holzmenge wurde in Gera entweder auf dem Gries oder auf den Hofwiesen, das für die Stadt bestimmte auch noch weiter flußaufwärts ausgezogen, aufgespalten und von vereideten Holzsetzern wieder zu Klaftern aufgesetzt. Die Differenz zwischen dem eingeworfenen Holz abzüglich der Eingabe und dem ausgesetzten, wurde der sächsischen Floßkasse zur Last geschrieben. Geflößt wurde hauptsächlich im Frühjahr unter Benutzung der Schneeschmelze. Da nun das Holz unter Umständen, wenn die Elster durch anderes Floßholz gesperrt war, nicht ohne Unterbrechung nach Gera gebracht werden konnte, oder wenn aus sonstigen Gründen die Sammlung des Holzes unterwegs erwünscht war oder notwendig wurde, so war bei Mildenfurth ein Rechen, um es aufzuhalten und aufzufangen. Hier wurde es unter Umständen auch ausgezogen, um später weiterbefördert zu werden. Der Mildenfurther Rechen gehörte der reußischen Floßverwaltung und mußte demzufolge von ihr unterhalten und erneuert werden.

Die Menge des im 17. Jahrhundert vom Pöllwitzer und Niederböhmersdorfer Wald nach Gera verflößten Holzes war eine sehr verschiedene. Zunächst erlitt das Floßgeschäft wenige Jahre nach der Einrichtung eine arge Störung durch die Einwirkungen des dreißigjährigen Krieges, welche sich namentlich von 1632 an fühlbar machten. In einem Schreiben von 1633 heißt es bereits: „bei anitzo geringem Floßwerk". Immerhin wurden 1631—1639 im Durchschnitt jährlich 1576 Klaftern verflößt, von welchen 1141 in Gera ausgesetzt wurden.

Es erhielt also die Hofhaltung und die Stadt einen wesentlich größeren Teil des Holzes, als vertragsmäßig ausbedungen war, da eben zu der Zeit soviel weniger, als man angenommen hatte, verflößt wurde. Die Sachsen hatten aber jedenfalls Holz genug, um von der kontraktmäßigen Lieferung absehen zu können. Denn zu der Zeit war der Salzhandel der Stadt Halle sehr zurückgegangen. Als im Jahre 1644 die sächsische Floßkasse auf Zahlung der rückständigen Floßholzgelder gedrängt wurde, so entschuldigte sich diese damit, daß kein Geld einginge und die Genossenschaft der Salzsieder, die sogenannte Pfännerschaft, gab wiederum an, daß bei geringer Abfuhr des Salzes sie zur schuldigen Zahlung nicht gelangen könnten. Der außerordentliche Mangel an Geld, der zu diesen Zeiten wirtschaftlichen Niederganges in Deutschland herrschte, geht aus allen Schreiben der Zeit hervor. Einmal wird von Halle geschrieben, daß wenig eingekauft würde, wer aber etwas kaufen wolle, der brächte kein Geld, sondern

2*

Waren in die Stadt mit, um sie anzubringen. Da nun die Floßkasse keine Bezahlung leisten konnte, so machte sie den Vorschlag, wie es heißt, sich mit Holz bezahlt zu machen und bekam demzufolge der Graf Reuß zugestanden, 6000 Klaftern Holz nach Halle flößen zu können. Obwohl nun die Floßkosten bis nach dieser Stadt 2 Gulden und mehr betrugen, so waren hier die Holzpreise doch hoch genug (1 Klafter kostete 3 Gulden und darüber), daß bei diesem Geschäft ein Gewinn von 6114 Gulden ausgerechnet werden konnte. Es wurde nun zwar zur Sicherung der Holzflöße ein Paß vom schwedischen Feldmarschall Torstenson eingeholt, ob aber dieser Holzverkauf wirklich ausgeführt wurde, findet sich nicht nachgewiesen.

Wegen des herrschenden Geldmangels konnte aber auch von reußischer Seite die Flößerei nur mit Mühe im Gange gehalten werden. Im Jahre 1644 sollten die Holzhauer ihre Löhne in Getreide erhalten; 1647 sollte der Geraer Kornschreiber Fuhrleute auftreiben und ihnen Bezahlung in Geld oder Getreide oder mit Holz in Aussicht stellen! Da nun die Einnahmen ausblieben, so war die Geraer Floßkasse mit der den Anliegern an der Triebes zu gewährenden Entschädigung, dem sogenannten Abtrage, in Rückstand. Infolgedessen beschwerten sich die Zeulenrodaer, durch deren Flur der Triebesfloßgraben eine gute Strecke ging, wobei sie erwähnten, daß der ursprünglich 4 Ellen breite Floßgraben stellenweise 10—12 Ellen breit geworden wäre. Des längeren Wartens müde, griffen sie im Jahre 1648 zu Gewaltätigkeiten. Am 27. März kamen nach dem Berichte des Pöllwitzer Försters „die Zeulenrodaer Bürger und Bürgersöhne unter Anführung des Bürgermeisters, des Richters und verschiedener Rathsherren mit Mußqueten und Rohren bewaffnet, verhieben alsbald den Bach an zwei verschiedenen Stellen, bedrohten die angestellten Arbeiter, sie sollten ablassen; würde sich einer oder der andere unterstehen, das Flößen vorzunehmen, sollte er ihr Gefangener sein oder sie wollten ihn schießen, daß er im Bach besitzen bleiben sollte, und brachten weitere Schimpfungen und Schmähungen mehr.“ Die Exzesse wurden ärger, nachdem der Bürgermeister und die Ratsherren sich in die Steinmühle, wohl zu einem Schoppen, zurückgezogen hatten, und endeten damit, daß die Zeulenrodaer durch gewaltiges Schießen die Arbeiter, deren nach dem Floßregister 364 gewesen sein sollen, zur Flucht zwangen, ein kleiner Krieg im letzten Jahre des großen!

Diese Gewaltthätigkeiten waren jedenfalls der Geraer Floßverwaltung sehr unangenehm, denn gerade 1648 sollten nach Eintritt ruhiger Zeiten größere Mengen Holz verflößt werden, nachdem im Vorjahre 3020 Klaftern auf dem Pöllwitzer und Niederböhmersdorfer Forst in sechs Schlägen gehauen worden waren.

Nach Ablauf des 1628 abgeschlossenen Kontrakts wurde derselbe mit einigen Abänderungen bis 1670 verlängert. Darin war den Reußen „als Recompens" nachgelassen, in Rücksicht auf ihre Forderungen an die sächsische Floßkasse, 3—4000 Klaftern zu flößen, von denen 1200—2000 in Gera auszusetzen waren. Die Klafter des bei der sächsischen Flöße verbleibenden Holzes wurde wiederum mit 19 sgr bezahlt, doch wurde dabei hinzugefügt, es sollten bei Eintritt bessrer Holzpreise 20 sgr gegeben werden. Der Vertrag gewährte also nicht mehr als der frühere; die zu verflößende Holzmenge wurde entsprechend dem geringeren Verschlage abgemindert, die in Gera auszusetzende dem Bedarfe entsprechend erhöht. Wenn demnach auch hierin kein „Recompens" für die auf 3585 Gulden angelaufenen, seit 1626 nicht mehr bezahlten Entschädigungsgelder enthalten ist, so wurden doch dem Grafen Reuß auch 250 Gulden bar gewährt, und ebensoviel wurde den übrigen Forderungsberechtigten angeboten. Später wurden zur Entschädigung der durch die Flößerei verursachten Schäden jährlich 150 Klaftern, das sogenannte Recompensholz, gegeben; diese Abgabe bestand noch lange Jahre fort. Dabei waren beteiligt: Gräfliche Beamte, verschiedene Müller, 9 Fischer, der Landrichter und Rat zu Gera, der Landknecht. In demselben Kontrakt war auch bestimmt, daß die Reußen zum Bau von Floßteichen einen Vorschuß von 2000 Gulden bekamen. Man mußte nämlich schon damals die Notwendigkeit ins Auge fassen, die Floßholzschläge in den östlichen Waldteilen zu führen. Da aber bei dem Mangel an fahrbaren Waldwegen, um die Anfuhr einer ziemlich bedeutenden Holzmenge genügend zu fördern nnd nicht zu teuer zu machen, es durchaus notwendig war, daß die Schläge in der Nähe der Einwurfstelle des Floßbachs lagen, so war für Schläge im Osten des Pöllwitzer Waldes die Triebes nicht mehr als Floßstraße zu gebrauchen; vielmehr mußte man daran denken, die hier fließende Leuba floßbar zu machen. Es geschah dies in den Jahren 1665/1667, wobei auch ein neuer Floßteich oberhalb Raitschau, einer der noch bestehenden Leubateiche, angelegt wurde. Die Aufwendungen hierfür waren sehr beträchtliche; es kostete der Floßteich allein 749 Gulden. Noch mehr aber erforderte der Ausbau des Leubabachfloßgrabens. Im Jahre 1667 wurden allein 1035 fl hierfür ausgegeben; im ganzen aber sollen nach einem Schreiben Heinrichs des Andern aus dem Jahre 1668 für Teich und Bach über 4000 fl aufgewendet worden sein. Hohe Anforderungen wurden von seiten der Anlieger gestellt. Für jede Rute des Grabens, 4 Ellen breit und 8 Ellen lang, also für etwa 10 Quadratmeter, wurden 9 sgr bis zu einem Reichstaler bezahlt, im Durchschnitt etwa $1/2$ fl = 10,5 sgr, das sind für damalige Zeiten sehr hohe Preise.

Die Flößerei, welche durch den dreißigjährigen Krieg eine arge Störung erlitten hatte, nahm nach Beendigung desselben einen Aufschwung. In den Jahren 1650—1700 schwankt die Menge des verflößten Holzes meist zwischen 2000 und 3000 Klaftern, die des in Gera ausgesetzten zwischen 1000 und 2000. Gegen Ende des Jahrhunderts begann aber das Floßgeschäft wieder nachzulassen. In den Jahren 1687—1719 wurden jährlich im Durchschnitt nur 1460 Klaftern verflößt, wovon 710 in Gera blieben. Zum Teil mögen die Ursachen für diesen Rückgang in der Schwierigkeit der Beschaffung größerer Holzmengen beruhen. Die hauptsächlichste Veranlassung war jedoch die, daß Halle anderweit mit Holz reichlich genug versehen wurde. Deswegen bestimmte auch ein 1696 abgeschlossenen Holzkontrakt daß von 1600 Klaftern nicht mehr als 700 bei der sächsischen Flöße verbleiben und 900 in Gera ausgesetzt werden sollten. Die veränderten Verhältnisse kommen auch darin zum Ausdruck, daß gegen Ende des Jahrhunderts von reußischer Seite um Verlängerung des jeweilig abgeschlossenen Floßvertrages nachgesucht wurde. Es hatte eben nunmehr die

Geraer Herrschaft ein wesentlich größeres Interesse daran, als die sächsische Floßverwaltung.

Vergleicht man die jährlich gelieferten Holzmengen, so ist auffällig, wie sehr diese in den einzelnen Jahren schwanken. Doch erklärt sich das leicht, wenn man bedenkt, wie sehr die Holzflöße von der Witterung abhängig war. Zunächst brauchten die an sich nicht sehr wasserreichen Floßläufe des Pöllwitzer Waldes reichlichen Zufluß von Schmelzwasser schneereicher Winter. Die Ungunst mangelnder Schneefälle wurde aber noch dadurch verstärkt, daß das Holz hauptsächlich auf Schlitten befördert wurde, eine Folge des schon erwähnten Mangels an fahrbaren Waldwegen.

Zu gleicher Zeit, als man die Flößerei auf dem Triebesfloßgraben ins Werk setzte, um Holz vom Pöllwitzer- und Niederböhmersdorfer Wald der Elster zuzuführen, fing man auch an, in den damals noch ungeteilt mit Gera vereinigten Herrschaften Lobenstein und Saalburg die hierzugehörigen Wälder mittelst der **Flößerei auf der Saale** nutzbar zu machen. Während aber dort die Versorgung der Stadt Gera in erster Linie in Betracht kam, war hier das Bestreben, aus den Wäldern und namentlich aus den abgelegenen Waldteilen mehr Gewinn zu haben, Ursache, die Flößerei in größerem Umfange einzurichten und zu betreiben. Man hatte hier die Sache wesentlich leichter. Die Saale ist wasserreich genug, um größere Mengen von Holz sowohl im Frühjahr als auch im Herbst ohne künstliche Anlagen von Floßteichen fortzubringen, und nur da, wo das Holz auf den Nebenbächen der Saale zugeführt wurde, waren auf kurzen Strecken einige Arbeiten erforderlich. Als solche Floßbäche werden erwähnt: der Sorbitzbach im Burgker Streitwald; in der Herrschaft Saalburg der Röppischbach, der Triebigsbach und Pößnigsbach, in welchem 1608 von den Bergleuten die Felsen weggeräumt wurden; ferner der Otterbach, auf welchem das Holz vom Schleizer Streitwald abgebracht wurde, und die wasserreichere Sormitz, die das Holz vom Frankenwalde bis nach Eichicht an die Saale führte.

Als frühester Holzverkaufsvertrag findet sich einer vom Jahre 1586 erwähnt. Nähere Nachrichten liegen von einem solchen vom Jahre 1601 vor, welcher mit den sächsischen Häusern Altenburg und Weimar auf Lieferung von 124 000 Klaftern Scheitholz abgeschlossen wurde. In diesem wurde bestimmt, daß die Klafter mit 4 sgr 6 ₰ auf dem Stocke bezahlt wurde, wobei also die Sachsen die Löhne für das Hauen, Anfahren und Einwerfen bezahlen mußten. Es besorgte aber diese Arbeiten die reußische Verwaltung. Jede Klafter sollte $3^1/_4$ Ellen hoch und weit, 2 Ellen lang sein.

Um dieses Floßgeschäft ordentlich betreiben zu können, wurde ein eigener Floßverwalter von Heinrich Posthumus in der Person eines Hans Schreck bestellt. Bezeichnend dafür, wie wichtig die Flößerei zu der Zeit war, ist die Bestallung dieses Beamten, in welcher ihm die Aufsicht über die gesamte Holz- und Kohlennutzung übergeben wurde.

Die erwähnte bedeutende Holzmenge konnte nicht allein aus den Wäldern der Herrschaft Saalburg und Lobenstein genommen werden, man kaufte vielmehr, um die Lieferung zu erfüllen, von der angrenzenden Herrschaft Burgk, von den einheimischen und in der Nähe angesessenen adeligen Herren, sowie von den Gemeinden und bäuerlichen Besitzern was zu erhalten war auf. Zunächst, im Jahre 1601, wurden von dem Grafen Reuß auf Burgk um denselben Preis von $4^1/_2$ sgr. 24000 Klaftern hart und weich Holz auf dem Burgker Streitwald erworben; später folgten noch andere, auf kleinere Mengen lautende Kontrakte, welche mit den ersten zusammen 44 540 Klaftern ausmachen. In diesem Vertrage von 1601 wurde bestimmt, daß die Holzaufbereitung und Abbringung Sache des Käufers war; es versprach aber dieser, bei der Abnutzung der angewiesenen Plätze, die namentlich aufgeführt werden, pfleglich zu verfahren, als wenn der Grund und Boden ihm gehörte; und ferner wird hierin gesagt: „Da auch in solchen Pläzen Holz zu befinden, so ganz nach Halla zu flößen dienlichen, oder sonsten denen Unterthanen zu bauen und brennen nüzlichen fort und zuzubringen sein würde, soll dasselbe gleichergestalt geschonet und also durchaus so vetterlich und treulich gemacht werden, das über diesen Kauf weder das Land noch die Nachkommen sich beschweren, auch durch Gottes Segen die geräumten Plätze wieder befliegen und beständig bewachsen mögen.“

Weil nun größere Holzmassen nicht in einem Jahre gehauen

und abgebracht werden konnten, es aber auch untunlich war, den Käufer eine beliebige Zeit im Walde wirtschaften zu lassen, so wurde vertragsmäßig eine Frist, Stockraum genannt, festgestellt, binnen welcher das verkaufte Holz aus dem Walde entfernt sein mußte. Diese war beispielsweise in dem 1603 auf 15 260 Klaftern abgeschlossenen Holzverkauf zu 5 Jahren bemessen; es wurde aber hierbei vom Herrn Verkäufer „darin gewilligt, daß, da Gottes Verhängnis, Kriegsläufte, Sterbenszeiten oder große Dürre verhinderten, daß man ein oder mehrere Jahre zugleich nicht hauen und flößen könnte, daß solche Jahre den Stockraum nicht kürzten, sondern allein die Jahre, da man zugleich hauen und flößen konnte, abgerechnet werden sollten.“

Außer der Herrschaft Burgk verkauften größere Holzmengen Friedrich von Magwitz zu Zoppothen, Albrecht von Reizenstein auf Blankenberg, Wolf von Brandenstein auf Positz und Tausa, welch' letzterer das Tönning bei Ziegenrück abholzen ließ. Ferner lieferten Holz die Ortschaften Saalburg, Kulm, Röppisch, Zoppothen, Schönbrunn und Heberndorf. Auf diese Weise wurde der größere Teil der an die Häuser Altenburg und Weimar zu liefernden Holzmenge erworben; von 66 604 in den Jahren 1602—1606 geschlagenen Klaftern*) waren 41 380 Klaftern erkauft und nur 25 234 waren in den eigenen Wäldern geschlagen worden. Bei all diesen Käufen betrug der Holzpreis gewöhnlich 4½ sgr., sodaß man nicht mit Gewinn kaufte und wieder verkaufte; nur wenn das Holz von den betreffenden Besitzern an die Saale gebracht wurde, erhöhte sich dementsprechend das Kaufgeld. Eine Klafter zu hauen kostete in dieser Gegend damals 3 Groschen, anzufahren 2½ sgr und mehr, einzuwerfen und bis nach Eichicht zu flößen 2 sgr, bis nach Naumburg 5 sgr.

Dem Holzverkaufsvertrag von 1601 folgten noch verschiedene andere, welche gleichfalls große Massen betrafen. So wurde 1617 mit den obengenannten sächsischen Häusern Weimar und Altenburg wiederum auf 80 000 Klaftern, die in den Saalburgischen und

*) Über die Größe der Holzklaftern ist auf das im Anhange unter Ziffer 2 Gesagte hinzuweisen.

Lobensteiner Wäldern gehauen werden sollten, abgeschlossen, im Jahre 1625 mit dem Herzog Albrecht zu Sachsen auf 80 und womöglich 100 000 Klaftern. Bereits beim ersteren Vertrag war eine Erhöhung des Holzpreises eingetreten, indem nicht nur die Klafter einschließlich des Schlägerlohnes mit 8 sgr bezahlt, sondern auch das Klaftermaß von 2 Ellen Scheitlänge auf 7/4 Ellen herabgesetzt wurde, ein Maß, welches später allgemein gebräuchlich wurde. Der Vertrag von 1625 enthält als bemerkenswerte Bestimmung, daß die Hammermeister und Köhler in die Floßholzschläge nicht gewiesen werden sollten.

Im Jahre 1627 wurde auch mit Kursachsen*) ein Vertrag geschlossen, welcher als Beispiel eines solchen mit einigen Abkürzungen hier Platz finden soll. Er lautet:

„Uff sonderbahren gnedigsten Befehl undt Anordnung des Durchlauchtigsten, Hochgeborenen Fürsten und Herrn, Herrn Johann Georgen, Herzogen zu Sachsen, Jülich, Kleve und Bergk, des H. Römischen Reiches Erz-Marschall undt Churfürsten pp. haben dero verordente Officirer zur Saalflöße sich mitt dem wolgebornen Herrn Heinrich dem Jüngern der Zeit Eltesten Reußen, Herrn von Plauen pp. nachfolgenden Contracts wohlbedechtig vereiniget und verglichen, Nemlichen es verkauffet höchstgedachter Churfürstl. Durchl. zu Sachsen wohlerwehnter Herr Reuß von Plauen Sechzig Tausendt Klaftern Scheitholz in desselben Streit-, Franken- und Saalwäldern uf denen zueende sonderbahrlich benambten Bergen, Orten und Pläzen, welche Ihr Churfürstl. Durchlaucht Floß-Officiren und Bedienten angewiesen und abgezeichnet worden, dergestalt und alßo, daß an dießer Summe jedes Jahres durch Ihr Churfürstl. Durchlaucht Diener und angelegte Arbeiter wo möglich zwölf- oder fünfzehn Tausendt Klafftern Scheit an harten und weichen, grünen und dürren Holz so den Keil hellt . . . im Herbst und Frühlingszeit gehauen, die Scheit sieben viertel der Ellen lang gemachet,

*) Später bildeten Kursachsen und die sächsischen Fürstentümer zusammen eine „Floßkommun."

undt darunter alles, waß an gipfeln, spaltig und gemelte Lenge hatt mit uffgeräumet, dann in die Klaftern 3 zwickauische ellen undt 4 Zoll, den bishero gebreuchlichen und beschlagenen maß nach, hoch und weit, gehoben und dichte eingeleget, alß daß der Maßstab nicht auf die Erden, sondern unterlage zu setzen und die Höhe undt Breite damit zu vermessen, auch jegliches mahl, ehe denn ab- und angeführet wird, mit Zueziehung des Herrn Reußens Diener an der Klafterstelle abgepostet und abgenommen, darbey uff jedes Hundert 12 Klaftern zur eingab gerechnet undt darüber ein richtiger Lieferzettel gedoppelt verfertigett und von beiden Theilen unterschrieben werden soll, Hiergegen wollen Ihr Churfl. Durchl. eine jede Klaffter uff dem Stamb mit zehen Meißnisch. Silbergroschen bezahlen, auch das hauen undt Fuhrlohn, sambt allen Kosten, abträgen undt uffwendungen . . . selbst tragen, undt verrichten laßen, Doch soll und will der Herr Reuß seine Unterthanen das Holz hauen zur Früelingszeit damit die Hölzer zum außdorren uffgebracht werden mögen sowohl das anführen gegen billiche Belohnung zu verrichten anhalten, Zum Anführen, ein- und außwerfen des Holzes uff seinen und seiner Leute Grundt und Boden Plaz und raum, desgleichen zum abflößen in seinen Herrschafften benebenst dem Saalstrom, auch die Floßbäche undt zu dero stärkung gehörige Teiche verstatten, wie dann auch das Holz zu keilen, schlittenkuffen sambt denen Vorsetzstangen zum uffhalt der Floßscheit uf den Bächen ohne entgeldt folgen laßen, wege und stege vergönnen, auch ernstliche Verordtnung verfügen, das seine Unterthanen sich des wegschleppens undt abtragens des geschlagenen Holzes enthalten."

Zum Schluß folgen Bestimmungen über Bestrafung der Entwendung von Floßholz (5 fl für jedes Scheit), über das Verfahren bei Vergütung des Schadens an Grundstücken, sowie über die Bezahlung der Holzgelder.

Der Holzpreis hatte sich also seit 1617 verdoppelt, er war von 5 sgr auf 10 sgr gestiegen.

Auf Grund der verschiedenen Holzverkaufsverträge wurden in

den drei ersten Jahrzehnten des siebzehnten Jahrhunderts von den Wäldern der Herrschaft Saalburg und Lobenstein, sowie denen der angrenzenden Burgkschen Herrschaft und anderer Besitzungen an 300 000 Klaftern geliefert. Da eine so bedeutende Holzmasse nur in der Nähe der Saale und der Floßbäche geschlagen wurde, so ist einleuchtend, daß bedeutende, augenfällige Waldausstockungen vorgenommen werden mußten. Die Saalwaldungen lieferten das meiste; aber auch der Frankenwald schaffte beträchtliche Mengen (1618 5140 Kl.); auf dem Schleizer Streitwald und dem Neutenberge (Neidenberge), dem späteren Siehdichfürer Revier, beide jetzt Teile des Lückenmühler Reviers, wurden gleichfalls Floßholzschläge geführt.

Der dreißigjährige Krieg legte von Mitte der dreißiger Jahre an auch hier das Floßgeschäft lahm und ebensowenig wie bei der Elsterflöße gingen für die Saalehölzer die Kaufgelder ein, sodaß 1645 die sächsische Floßkasse mit 5169 Gulden in Rückstand war. Erst gegen Ende des Krieges, nach Eintritt ruhiger Zeiten, wurde der Verkauf von Floßholz wieder aufgenommen, aber nicht in der früheren Ausdehnung. Als 1646 die Verhandlungen über Lieferung von Floßholz wieder beginnen, forderte der Kommandant von Leipzig Geleitsgeld für das zu verflößende Holz. Größere Floßholzschläge wurden im Jahre 1652 in dem Saalburger Forste geführt, wo an einem Orte, an Meißens Geräumde, 3087 Klaftern abgepostet wurden. Nach einem anderen Berichte standen in demselben Jahre 4000 Klaftern zum Abflößen bei Saalburg bereit. Im Jahre 1655 wurde mit dem Kurfürsten von Sachsen wegen Lieferung von 30 000 Klaftern verhandelt, wobei hierfür 15 000 Tlr (der Taler zu 24 sgr), für die Klafter also 12 sgr gefordert wurden. Das Holz sollte auf dem Streitwald bei Burgk geschlagen werden und wurde 30 Jahre Stockraum gegeben. Die Eingabe, welche früher 12 % betrug, war in Übereinstimmung mit der Elsterflöße auf 10 % herabgesetzt worden. Ob tatsächlich der Kaufpreis von 12 Groschen für die Klafter gegeben wurde, erscheint unwahrscheinlich; denn in einer späteren Instruktion für einen reußischen Unterhändler von 1679, wobei es sich um Lieferung von 40 000 Klaftern handelte, wird der Beamte ermächtigt, auf 10 und

9 sgr herabzugehen; dabei wurde ihm aber noch eine Nebeninstruktion zugefertigt, auch zu 8 und 7 sgr abzuschließen. Die Holzpreise müssen demnach gegen die Zeit vor den schädigenden Einwirkungen des dreißigjährigen Krieges zurückgegangen sein. Sie hoben sich aber bald wieder und bereits 1682 boten die Sachsen für eine Klafter Holz 12 Groschen Waldzins. Genauere Nachrichten über die Mengen des gelieferten Holzes liegen nicht vor, doch stand die Saaleflossverwaltung in ununterbrochener Geschäftsverbindung mit dem sächsischen Floßamt in Halle, wie dies auch aus folgendem Vorfall hervorgeht. Es meldete nämlich 1664 der sächsische Oberaufseher, daß reußische Kärrner von dem Hallischen Floßschreiber getroffen worden wären, wie sie von Staßfurth Salz geholt hätten. Dieses wäre minderwertig, auch wäre es wegen der wechselseitigen Handelsbeziehungen wünschenswert, daß die Reußen das Salz aus Halle holten. Nach den angestellten Ermittelungen war dies den reußischen Kärrnern auch vorgeschrieben und wurde durch eine Verordnung wiederum eingeschärft.

Aus den von jener Zeit spärlich vorliegenden Nachrichten ist immerhin sicher zu ersehen, daß das Holzgeschäft sehr verringert worden war. Wenn 1655 für 30000 Klaftern ein Stockraum von 30 Jahren gegeben werden soll, so steht das in starkem Gegensatze zu den früher erwähnten bedeutenden Holzverkäufen. Das Niederliegen des Handels und das Abnehmen der Holzvorräte infolge der früheren Abholzungen mag hiebei zusammengewirkt haben.

Es liegt nahe, zu untersuchen, ob zu jener Zeit, als man anfing, Brennholz zu triften, bereits Nutzhölzer in gebundenen Flößen, wie wir sie jetzt noch sehen, saalabwärts gingen. Wir müssen dies bejahen. Gegen 1596 beträgt der Burgker Brückenzoll durchschnittlich im Jahre nahezu 18 Gulden. Da ein Gelenk 6 gr bezahlen mußte, sind also mehr als 60 Gelenke hier durchgegangen*). Nach dem 1596er Teilungsregister wurde für einen Floßbaum 6—16 Groschen bezahlt**). In einem oben erwähnten

*) Dr. B. Schmidt, Die Herrschaft Schleiz bis zu ihrem Anfall an das das Haus Reuß, Jubiläumsschrift des geschichts- und altertumsforschenden Vereins in Schleiz, Schleiz 1902, Seite 78.

**) Das., Seite 90.

Vertrage von 1601 wird ferner von „Holz, welches ganz nach Halle zu flößen" gesprochen und 1608 werden 16 Stämmlein zu zwei Flößen erwähnt. Es ist also nicht zweifelhaft, daß bereits im 16. Jahrhundert eine nicht ganz unbeträchtliche Nutzholzflößerei auf der Saale stattfand. Heinrich Posthumus suchte dieselbe noch weiter zu entwickeln. Bei der Bestellung des Floßmeisters Hans Schreck (etwa 1601) wird von einer beabsichtigten Hamburger Flöße gesprochen. Diese sollte sich nach Anordnung des genannten Regenten auf allerlei Sortimente erstrecken, auch Mastbäume von 42—45 und 46 Ellen Länge und $4^1/_2$—6 Ellen Unterstärke sollten geflößt werden. Und „weil etliche vorgaben, als könnte man so lange und dicke Bäume auf der Saale nicht wohl bis auf die Elbe abbringen, so sollte der Floßmeister nachforschen, alle Krümmen und Brücken, so bis nach Aken befunden würden." Bedeutend kann also damals die Flößerei nicht gewesen sein, da das Floßwasser so unbekannt war. Zuletzt wurde 1618 die Nutzholzflößerei erwähnt gefunden bei der Beschreibung des Bierbergks (s. u.), wo es heißt, daß nur die Flößer Floßholzstücke hier annehmen. Die Gründe, aus denen die Nutzholzflößerei nicht zur Entwickelung kam und sogar später ganz aufhörte, liegen in der bedeutenden Ausdehnung des Brennholzhandels und der hierdurch verursachten Abnutzung des Waldes. Hierbei bleibt zu berücksichtigen, daß die Nutzholzpreise damaliger Zeit wenig höher waren als die des Brennholzes, sodaß die beträchtlichen Aufwand erfordernde Nutzholzflößerei gegenüber der Brennholztrift nicht lohnend war. Sicher steht fest, daß, wie wir später sehen werden, Ende des 18. Jahrhunderts die Nutzholzflößerei ganz vergessen worden war und dieselbe hier als etwas ganz neues betrachtet wurde.

Ununterbrochen dagegen hat sich die **Nutzholztrift auf der Rodach** erhalten, welche Blöcher vom Frankenwalde den zahlreichen an dem unteren Flußlauf gelegenen Mühlen und dem Maine zuführte. In Akten von den Jahren 1601—1609 findet sich die Bemerkung:

> „Weil ufm Frankenwald die Plöcher weit an die Flöße zu bringen, wirdt vor rathsamb geachtet, daß zween Teiche zugerichtet werden, einer am Finkenbach, der andre am

Langenstein. Alßdann können die Klötze von Voitsgereum, Oslerberge und der Waldtleuten wohl angebracht werden."

Ferner berichtet ein Herr von Waldenfels, auf Lichtenberg ansässig, im Jahre 1616 in einem Anschlag über die herrschaftlichen Wälder:

„Des Herrn Heinrich des Jüngern Waldungen beständen vornemlich in fränkischem Plöcherholz, Köhlereien und sächsischem Scheitholz" und fährt fort: „Soviel daß Plöcherholz anlanget, bin ich berichtet, daß vergangenes Jahr eine große anzal weggegeben worden, und umb ein geringes gelt, darauß zweierlei Angelegenheiten entstehen 1. daß die Steigerung nachbleibt, so doch nunmehro weiln in Wäldtern wenig Holz an allen Orten vorhanden, notwendig folgen müsse, 2. verderben die Wipfel und Afterschlag, verhindern den jungen Samen und wechst alßdann nichts als Laubholz, derowegen mein wenig gutachten in nachfolgendem besteht:

1. anfangs, daß Ihro Gn. sollte daß frische und grüne Holz sparen, auch soviel möglich die häufige hinweggebung des Plöcherholzes einziehen;

2. Hierzwischen die Flößteich machen, dann wir von Waldenfels im Krötensee oder uffn Sellenbergen an der Rodach wenig Holz oder fast gar nichts weglassen würden, Ew. Gn. Holz angenehm und teuer genug bezahlt würde, zumal weil in selben Grund wie biß nach Steinwießen viel Schneidemühlen sind, so daß Holz nicht emperen und sich doch dessen auf dem bambergischen und Waldenfelsschen Wäldern nicht erhohlen können."

Doch kann mit der Blöchertrift erst Ende des 16. oder Anfang des 17. Jahrhunderts begonnen worden sein, denn in demselben Bericht sagt der Herr von Waldenfels, daß, seitdem das Floßholz aufgekommen wäre, wollten die Untertanen des Herrn Reußen sowohl als auch die seinen, besonders die jungen Burschen, nicht mehr die Köhlerei betreiben, sondern sich allein darauf legen.

Damals also entstand die Zunft der sogenannten Wäldner, welche zwei und ein halb Jahrhundert auf dem Frankenwald Holzhauerei, Flößerei und Holzhandel betrieben. Da diese Art der

Flößerei den Lebensunterhalt der Einwohner von Titschendorf und auch teilweise derer von Grumbach ausmachte, so ging sie gleichmäßiger fort als die an der Saale, wo wechselnde Kaufabschlüsse Bedingung waren. Schwierigkeiten entstanden hie und da wegen Verzollung der Blöcher, welche im fürstlich bayreutischen Gebiete stattfinden mußte, da die Wäldner immer geneigt waren, sich diesem Zolle zu entziehen. Bei einer solchen Differenz im Jahre 1630 wird erwähnt, daß ein Flößer 10 Schock und mehr Blöcher und ebensoviel Feuerholz hätte. Demnach ist also auch Scheitholz in jener Zeit auf der Rodach geflößt worden.

Wir haben in diesem Abschnitt gesehen, daß man unter der Regierung von Heinrich Posthumus, auf unmittelbare Veranlassung dieses weitsichtigen Regenten, anfing, nach allen Richtungen hin die Wälder mittels der Flößerei besser auszunutzen. Bedingung hierzu war, daß in den angrenzenden, waldärmeren, dichter bevölkerten Gebieten ein stärkeres Bedürfnis nach Holz bei abnehmenden Holzvorräten eingetreten war, wie dies mehrfach in vorhergehendem bestätigt wurde.

2. Waldbeschreibungen und Abschätzungen.

Bereits im siebzehnten Jahrhundert fanden mehrere eingehende Besichtigungen der herrschaftlichen Waldungen statt, die von besonders hierzu ernannten Kommissionen ausgeführt wurden. Über diese „Bereitungen“ sind ausführliche Protokolle vorhanden. Anlaß zu den ersten in den Jahren 1616—1621 vorgenommenen Waldbeschreibungen mag neben den Verkäufen von Floßholz wohl die Notwendigkeit einer späteren Erbteilung gewesen sein, wenigstens sind sie beim Erbteilungsvertrag vom Jahre 1647 benutzt worden, dem auch eine durch einen Geraer „Mathematicus“ vorgenommene Vermessung vorausging.

Da nun hierbei die verschiedenen Forstorte nach den volksüblichen Benennungen einzeln aufgeführt und beschrieben werden, da ferner diese Bezeichnungen sich fast sämtlich bis in die Gegenwart erhalten haben, so ist nicht nur der Vergleich mit späteren Beschreibungen, sondern auch mit der gegenwärtigen Waldbestockung möglich, und wir erhalten so ein anschauliches Bild von den Veränderungen, die der Wald in den **letzten** drei Jahrhunderten erfahren hat. Freilich bleibt hierbei zu berücksichtigen, daß da, wo die Abgrenzung der einzelnen Forstorte nicht scharf ist, ein solcher Vergleich nicht ganz sicher sein kann.

Wir geben nun im folgenden auszugsweise diese Waldbeschreibungen, die gleichzeitig über die damalige Bewirtschaftung und Benutzung der Forste Auskunft erteilen.

Die im Jahre 1618 erfolgte Besichtigung der **Lobensteiner Wälder** begann auf dem **„Reydenberge"**, dem jetzigen Siehdichfürer Teil vom Lückenmühler Revier, unten „neben Poseckers holze neben der unteren Pfüzen uff der Eliaßbrunner seitten genannt." Hier gab es „schön schäftig Holz, alles Tannen und Fichten, sowohln auch Buchen ein wenig mitunter." Darauf folgte die Thimmendorfer und Ruppersdorfer Seite, „uff welchen beden Ortten ingleichen schön jung Tannenholz zu befinden, das fichtene aber ist des meistentheills verdorret."

Auf dem Reydenberge lagen fünf zinsgebende Geräumde. Im Mittelbächlein waren keine Fische zu befinden. Das Dürrholz wurde ungefähr auf 1500 Lachtern (=Klaftern) angeschlagen, eher mehr als weniger. Hiervon sollte das genaueste zur Flöße, das weitere aber soviel wie möglich den Untertanen gelassen oder verkauft werden. Wegen des vorhandenen dürren Holzes wurde nahezu die Hälfte des Waldes „ganz hegbar" gemacht. Die Trift hatte der Schäfer von Thierbach. Demnächst werden die Örter, die der Forstknecht zu Heinersdorf zu belaufen hatte, aufgeführt; das waren 19 Einzelparzellen, darunter die Büchichts- und Sormitzleithe, der Steinbühl, sowie der Koselstein. Von letzterem wird gesagt, daß er „neben dem Langwasser hinan fast gar darnieder gebrochen, darvon ezlich Tausent Lachtern zur Flöße aufgeschlagen, und von denen Hammermeistern auch viel aufgekohlet worden, hier auch denen Heinersdorfern und Helbesgrünern an brüchigem und dürrem Holz ezliche Ihar her ihr Feuerholz gelassen worden. Und weiln sich dieser Wald zum befliegen des jungen Holzes gar wohl anleßet, alß hatt man vor guth angesehen, daß solcher vom alten Bechoffen im Querenbach ahn uff die Creuz-Thanne zu, von da ahn biß ufs gereumbde, die Helmsgrüner Roth genanndt, und ferner das Gründlein hienein biß ans Langwaßer gehegett werde, welcher durch dießes Miettel mit der Huelffe Gottes in gutten Stand gebracht werden khan."

Der Koselstein hatte 2 Geräumde. Auf diesen den Heinersdorfer Belauf bildenden Parzellen hüteten die benachbarten Ortschaften, verschiedene Müller und Hammermeister.

Danach kommt der **Frankenwald**, welcher durch die Neundorfer Straße (von Leipzig über Gera, Schleiz, Lobenstein nach Bamberg) in zwei Teile geteilt wird. Jede Hälfte wurde wiederum in zwei Teile getrennt. Die Grenze der beiden ersten Viertel war der Rennsteig. Es heißt: „Von dem Redigerbrunn*) ahn die hohestraße hinüber biß uff die Glaßhütte**), von der Glashütten uff die hohe Thannen zu, alda sich die Altenburgische, Reußische und Bambergische gräntze zugleich scheiden, am welchen Orth zweene Reinsteine stehen,

Hierauff folgett der Erste Vierte theill so nacher Wurzbach und dem Langkwasser zu liegett, und wirdt Erstlichen der Anfangk gemachtt uff der Bucklitzsch Leithen***) forne bey dem Oßler felde und gehett dießer Berg bis ahn den kleinen Gilzenbach, fellett uff der Obernseitten rein das Buchbechlein, so im Walde uff der Altenburgischen Grentze entspringet, . . .

Uff diesem Berge hat es fein Stämmich holz ahn Thannen, Fiechten und Buchen, sowohln auch fein Jungholz, und ist nichts sonderlichen von Dürrenholz darauffen zu finden."

Hier nahmen die Oßlaer Holz an, behüteten auch den Ort mit ihrem Vieh und gaben jährlich für das Stück $4^{1}/_{2}$ sgr. Es stießen daran 2 Geräumde, „Herbstbach" genannt, eines dem Wurzbacher Hammermeister Fasoldt, das andere einem Hans Schaller zu Oßla zuständig, „welches ihm vor dem Plazgeräumbde im Grumbach, darauffen die Glaßmeister gebauett, gegeben worden."

---

*) Jetzt Rodacherbrunn.

**) Jetzt Grumbach.

*** Jetzt Waldhügel, Abt. 4. u. 5, Wurzbacher Reviers.

„Hintter diesem Berge, die Burklitzschleithen genanndt, fehntt sich ahn der Kleine und große Gilzenbach*), uff dießen Orth hatt es ingleichen fein Stämmich holz, fast mehr Buchen als Tannen, Oben uff der Ecken hatt es einen Windtbruch gehabt, welcher von den Glaßmeistern meistentheills uffgearbeitet worden, das übrige kann mitt der Zeitt, weil es unmöglich aufzureuhmen, ufgeeschertt werden.“ Auch hier hüteten die Oßlaer.

Hierauf wird vom Dörrenbach**), welcher an das Geräumde stieß, „wo die Glashütten gebaut wurden,“ gesagt:

„Uff dießem Berg hatt es auch fein Stämmich holz an Tannen und Fiechten, außer einem Bruch, darein Georg Neumeister mit seinen Khölern gelegtt worden.“

Daselbst hüteten die Wurzbacher, nahmen auch gegen Zahlung ihr Feuerholz hier an.

Weiter heißt es von der „förderen, hohen Straße“, jetzt Glashügel, Abt. 40—49 des genannten Reviers: „Uff diesem Berge sindt zwar Brüche und Dörreholz gewesen, meistentheils aber von dem Hammermeister Nicol Faßoltten, Glaßmeistern und Wurzbachern ufgereuhmet worden, wie denn den Wurzbachern jhärlich ihr Feuerholz darauffen gegeben wirdt, es hat sich aber gemeltter Bergk mitt schönen jungen Fiechttenholz wieder beflogen, das mitt der Zeit ein schöner Bergk wirdt.“ Auch hier hatten die Wurzbacher die Trift und waren daselbst 3 Geräumde. Für das eine wurden 4 sgr Zins gegeben, für ein anderes 8 sgr.

Dann kommt der „Vogelbergk“ (Abt. 61—73), und der Grau (bei Abt. 74 u. 75). Hier gab es viel Dürrholz, welches unten wohl zur Flöße lag und wo auch bereits „ein guter Anfang“ gemacht worden war. Weiter oben am Grau ließ ein Hammermeister Dittmar kohlen; es war jedoch auf beiden Bergen „noch schön stark stämmich Holz vorhanden und des meistentheill Thannenholz, aber auch schön jung Fichtenholz.“ Die Hut

*) Jetzt Waldhügel, Abt. 1, 2 u. 3, Wurzbacher Reviers.

**) Die Dürrenbachshölzer, Abt. 6—10 desselben Reviers.

hatten die Wurzbacher, an Geräumden werden 7 aufgezählt mit 3—9 sgr Zins.

Auf dem „Mittelbergk“ (Abt. 94—97 Wurzbacher Reviers) war viel Bruch- und Dürrholz gewesen, welches aufgekohlt worden war, bevor die Flöße begann. Nach dem Langwasser und Kirchbach zu war noch „fein Holz, Alles Tannen und Fichten.“ Oben, die Ebene des Berges war „gar weggeräumet,“ daher wurde vorgeschlagen, diesen Ort hegbar zu machen. Hierhin trieben die Neundorfer und der Schäfer zu Unterlemnitz.

Der Graue Berg hatte ebenfalls noch „schön Stämmich holz an Fiechten und Thannen, die Ebene oben aber hatt der Windt gahr darnieder gebrochen, welches nunmehr auch zur Flöße aufgeschlagen und in Lachtern stehett, die hinttere Wandt nach dem Oberntrogen zu hatt zum Theill noch fein starck holz, meistentheills aber jung holz.“ Behütet wurde der Graue Berg von dem Schäfer zu Unterlemnitz, der Dorfschaft Neundorf und dem Langwassermüller; für die Hutweide mußten die Neundorfer Huthühner geben, sie mußten ferner bei Hoch- und Rehwildjagden Dienste thun und durch den Wald der Herrschaft Vorspann leisten. Der nächste Ort war „der obere und untere Trogen“, jetzt die Troge genannt (Abt. 88—93 Wurzbacher Reviers), worunter aber damals auch die jetzigen Forstorte Kirchhügel (Abt. 98—106) und Kalte Brunnen (Abt. 85—87) verstanden wurden. „Uff diesen beiden Ortten hatt es schön Stämmich Holz ahn Buchen, Fiechten, deß meistentheills aber Thannenholz, und ob es wohl brüche darauffen hatt, so werden doch solche meistentheills zur Flöße aufgeräuhmett, das übrige khan mit der Zeit uffgeeschert werden, weilln sonsten solches schwehrlich zu nuzen sein wirdt.“

Hier hüteten dieselben wie auf dem vorigen Orte. — 5 Geräumde. —

Auf dem großen Finkenberg und der hinteren hohen Straße, welche letztere gegenwärtig auch Finkenberg genannt wird, stand „schön Stämmich Holz, jedoch Thannen des meistentheills, auch Buchenholz, welches aber nicht groß stämmich.“ Hier waren zwei starke Windbrüche, wo man zu kohlen angefangen hatte. „Es khan auch mitt der Zeitt soferne der Schuz untern Grau gebauett worden, eine guthe Ahnzahl Holz von der unttern wandt des großen Finkenbergs ahn die Flöße gebracht werden."

Hier hütete der Ochsenhirte vom Neuen Vorwerke, d. h. von Heinrichsgrün — 4 Geräumde.

Vom zweiten Viertel des Frankenwaldes, zwischen der hohen Straße (Rennsteig), der Bamberger Straße, der Bambergischen und Altenburgischen Grenze gelegen, wurde zunächst die Hohe Tanne beritten. Dieser Ort ist identisch mit dem gleichbenannten Wurzbacher Reviers, war aber jedenfalls ausgedehnter als jetzt, da die südlicheren Teile der Grumbacher Flur später gerodet wurden, nachdem die Ansiedelung der „Glashütte" sich erweitert hatte. Daselbst gab es hauptsächlich Tannenholz, weil das buchene vor einigen Jahren „meistentheils weggekholett worden, wie denn allen so ist es in dene Kohlhauen mitt jungen Tannen- und Fiechtenholz schön wieder beflogen. Uff diesen Bergk müßen künfftigk die glaßmeister gewiesen werden, hieraufen hüten die Oßlaer und erhohlen sich ingleichen der graßweide ahn solchen Ortth."

Der folgende Ort „Voittsgereumde", welcher an den vordern Oßlaer Berg stieß, jetzt ein Teil der Mühlleithe, etwa Abt. 37 und 38 Wurzbacher Reviers, ist gleichfalls zum Teil gerodet worden; es standen hier noch starke Tannen.

Auf dem „Oßlerbergk", jetzt der große und kleine Brand genannt, „hatt es forne ahn Voitsgereume zu Schön jung Holz, weilln solches vor ezlichen Jharen alles hinwegk gekholet worden, nach solchen fehnt sich gar schön grob Holz ahn, meistentheils aber Buchenholz, ingleichen so hatt es auch noch schöne Tannenbäum, wechst hierüber auch noch Jung Ahornholz uff.

Volgett nun, wie solcher Bergk zu Nuzen:

1. Nehmen die Nordhalbener daß Tannenholz zu Blöchern ahn,

2. wird das Buchholz von denen Hammermeistern mitt der Zeit ufgekholett, . . .

3. die Hutt betreffende, So haben solche die Glaßmeistern, eine Ecke forne bey Voitsgeräumde, zu betreiben, daß andere aber wirdt vom Ochßenhirtten besucht."

Beim Fuchsengeräumde und kleinen Mittelberg*) gab es noch schön Tannholz, auch wuchs „fein jung Buchenholz" auf, weil vor einigen Jahren gekohlt worden war. Die Nordhalbener nahmen dort Blöcherholz an; Dürrholz war daselbst nicht, die Hut hatte der Ochsenhirte. Auf dem großen Mittelberg, jetzt nur Mittelberg genannt, gab es zwar noch schönes Holz, „an Hängen oder Wänden, die Ebene aber war sehr weggekohlet," wie denn noch 3 Köhler dort lagen und buchene Grubenkohlen machten. Das Tannenholz nahmen die Nordhalbener an, behütet wurde der Ort wie die vorher genannten.

Die Waldleithe, zwischen der Bamberger Straße und dem „Sellingsstädter" (Seelstädter) Grunde, war vorne nach „Rediger-brunn" zu auf der Ebene sehr weggekohlt, beflog aber wieder schön mit jungem Holze; nach der bambergischen Grenze zu gab es noch starke Buchen, auch Tannholz mitunter. Die Nutzung war die gleiche wie vorher.

Die andere, südöstlich der Bamberger Straße gelegene Hälfte des Frankenwaldes wurde durch eine im Pfaffenbachsgrunde nach dem Langenstein und dem Schwarzenteiche laufende Linie in die beiden letzten Viertel geteilt.

Der erste Ort des südlicheren Viertels war der Pfaffenbachshügel, zwischen dem Spindlersgründlein und dem Pfaffenbachsgrund (Abt. 7—11, 16, 17 und angrenzende Teile von 6 u. 12 Rodacherbrunner Reviers, jetzt Wirtsbüsche, Pfaffenbach und Spindlers Ebene genannt). „Uf dießen Orth giebt es ahn dem Hangen noch schön jung Holz, ahn Tannen, Fiechten und Buchen, auch einzehle Abhorne, uf der Ebene aber ist es von den Wurzbacher Hammermeistern sehr wegkgekholett, wie denn allen, so wechst wieder fein jung Holz in Kohlhauen auff, hierauffen huettet der Ochßenhirtte."

Zwischen dem Pfaffenbachshügel, der Straße, der Bamberger Grenze und dem Tiezschen Bächlein lag der „Brandt" „dessen Orths ist der fördere Theill nach dem Redigerbrunn zu, welcher sein wieder befleucht, sehr weggekholett, der hintere theill aber hat

*) Abt. 123—127 Rodacherbrunner Revier, auch 128 bis an den Rennsteig.

noch schön Stahmholz, meistentheills aber Buchen." Auch hier hütete der Ochsenhirte.

Von dem darauf beschriebenen Tiezschenberge gehört nur noch ein kleiner Teil zum Revier Rodacherbrunn (Abt. 13, 15 und teilweise 12), der größte Teil ist gerodet oder ist Privat- und Gemeindeholz des Dorfes Titschendorf, welches vom Jahre 1620 ab angelegt wurde.

„Uff diesem noch ziemblich großen Berge hatt es noch stark holz an Buchen meistentheils, giebett auch noch fein jungk Tannenholz darauffen, hierüber ein zehliche Abhorn, Es ist auch ferner auf diesem Berge etwas gekholett worden, aber nicht viell." Die Hut war die gleiche. Die Fischerei in der Rodach wird „gar gering" genannt. — 2 Nordhalbener Geräumde.

Der Berg, der Pfalz genannt (jetzt Falz, Hiebleswand und Tiegelsbach, Abt. 22—33 Rodacherbrunner Reviers), zwischen dem Langenstein, der Rodach, der fränkischen Moschwitz, dem Tiegelsbachgrunde und dem Jungholz (Abt. 18—21 Rodacherbrunner Reviers) war meistens mit Buchen und Ahornen („Abhornen") bestockt, außer an den Leiten nach der Rodach zu, wo noch „fein Fichten- und Tannenholz" vorhanden war. Die Trift hatte der Ochsenhirte. Hier gab es 3 Geräumde oder Brände. Ein „Erbbrandt oder Stückholz" hatte der Herr von Waldenfelß; dasselbe war 24 Acker groß, ein anderes hatte Friedel der Kolone (?), das dritte ein Nordhalbener.

In dem Orte, die Bretterhütte genannt, zwischen Tiegelsbachgrunde, der fränkischen Moschwitz und dem Schwarzenteichswege bis zur Kreuztanne (jetzt Klößberg und Schwarzeteichswand, Abt. 34—42 desselben Reviers) waren gleichfalls Buchen und Ahorne vorherrschend, die aber meistenteils noch jung waren; ebenso gab es auch schönes, junges Tannenholz. Die Trift war die gleiche. In beiden letztgenannten Orten nahmen die Nordhalbener Blöcher an.

Vom letzten, südöstlichen Viertel des Frankenwaldes wird zunächst der „Seubergk", jetzt Sauhügel genannt (Abt. 101—103 Rodacherbrunner Reviers), beschrieben. Hierzu gehörten Teile der angrenzenden Forstorte Kirchhügel, Roßbach und Steinlein zwischen dem „Kirchwieslein", dem Roßbach und dem Nußbach, der in östlicher Richtung dem Langwasser zufließt. Nach Norden und Osten grenzte die Landstraße nach Nordhalben (Bamberg) und die Neundorfer Gemeindewiesen. Hierselbst wird ein „Neuer Teich", sicher ein Floßteich, erwähnt. Im Langwasser waren Speise- und Satzforellen, doch wurde die Fischerei „nunmehr durch die Flöße wieder verwüst."

Auf dem Sauberg gab es noch „fein stämmig Tannenholz". Ein „ziemlicher Bruch" war bereits aufgekohlt worden, auch war noch etwas Dürrholz da, welches teilweise zur Flöße gebracht wurde. In den Kohlhauen zeigte sich schöner junger Anflug. Die Hut hatten die Neundorfer. Drei Geräumde waren vorhanden, die je ein Bauer aus Schönbrunn, Neundorf und Helmsgrün gegen Zins nutzten.

Der nächste Waldteil zwischen den Kirchwiesen, der Landstraße, dem Pfaffenbach und Grunzebach, jetzt Kirchhügel, Lehmlöcher und Franzensberg genannt, hieß längs der Landstraße Kernersweg, am Pfaffenbach der vordere Pfaffenhügel, am Roßbach und dem Kirchwieslein die drei Brünne. Auch hier gab es noch schönes Tannen- und Buchenholz. Einige Brüche waren teils aufgekohlt worden, teils hatten sie die Nordhalbener zu Blöcherholz aufgearbeitet, das übrige sollte aufgeäschert werden. — 4 Geräumde, darunter ein neues, welches erst „aufgekohlt wurde."

Der Otterwinkel, jetzt Stutenkamm (Abt. 89—91 Rodacherbrunner Reviers), zwischen dem Grunzebach und dem Langestein*), in nordöstlicher Richtung bis zum „alten Stutenhaus" reichend, hatte neben dem Grunzebach noch „fein Stammholz, auf der Ebene aber und nach dem Langestein zu war es meistentheils verdorrt."

Vom Gehren, jetzt Gehrenflecken wird hierauf gesagt: „Uff solchen Ortt Waldes hatt es nach dem Roßbach und Müeßbächlein zu noch fein Stehmholz an Tannen aber meistentheills, weill die Fiechten deßen Ortts sehr verdorret, uf der andernseitten aber nacher der großen Hörnne, Schnuzere und Hohlenbrunn zu ist es

---

*) Langesteinswiesen heißen noch jetzt die Wiesen bei Jägersruh, am Wege nach Lobenstein.

meistentheills wegen der großen Windtbrüche und Dürre wegk gereumbt, wie denn Erhardt und Hanns Oberländer noch deßen Ortts kholen, kömmt aber nichts destoweniger wieder fein jungk Fiechten Holz auff, dessen Ortts wirdt das Melckende Vieh ufm Forwerge Heinrichsgrün gehüettet." — 7 Geräumde, wofür die Nutznießer, Bauern von Neundorf, Oberlemnitz und Lichtenbrunn Zins bezahlten, darunter ein neues.

Die „Horla" (jetzt Orla) und das Schlegeler Brückle, beide Orte zwischen dem Jungholz, Langestein, Gehren, Krötensee gelegen, boten ähnliche Waldbilder, „dessen Ortts, alls inn der Horla, hatt es zwar noch Stehmholz an Tannen, die Fichten aber seindt meistentheils verdorret, welche die Nordhalbenen zum Theil angenommen, sollen auch noch zum Theill, soviell nur möglich geflößett werden, die übrigen und faulen können künftig vereschert werden, weille kein ander Mittel dessen Ortts zu finden."

In dem „sehr darnieder gebrochenen und verdorrten" Schlegeler Brückle ließen die von Waldenfelß kohlen und wurde hier stark abgefahren.

Die Hut hatte an beiden Orten der Ochsenhirte.

Das „Jungkhollz", jetzt Jungholz und Hansenhieb, d. s. die bei Jägersruh gelegenen Waldteile, hatte „schön jung stängig Holz, meistentheils ahn Buchen und Tannen." Auch hier war ein Bruch.

In Krötensee, längs der thüringischen Moschwitz, vom Schwarzen Teiche bis zum Hohlenbrunn, gab es noch schöne, langschäftige Tannen, die Fichten aber waren meistenteils verdorrt. — Hier waren sieben Geräumde, die von Schlegel, Neundorf, Seibis, Schönbrunn und Langenbach aus genutzt wurden.

Auf dem Kulm stand nicht viel „stämmig Holz", weil „solches von dem großen Bruch und Dürre sehr darnieder gangen". Das Holz war aber meistenteils aufgeräumt worden; auch wurde noch dort gekohlt. Unten nach dem Krötensee zu war eine große Reute gemacht worden.

Nach dem Frankenwalde werden die um **Lobenstein** gelegenen Gehölze beschrieben. Diese hatte ein Forstknecht zu belaufen; sie bilden in der Hauptsache die jetzige Oberförsterei

Lobenstein. Auch von dieser Beschreibung soll das Wichtigste in gekürzter Darstellung wiederholt werden.

Der Sieglitzberg: „hatt ein schön gewachsen und Stämmichholz, in welchen es Tannen und Fiechtenholz, sowohln auch ziemblliche Buchen giebett." — Drei Brüche, einer „oben der Glashütte", ein wenig Dürrholz. Die Hut hatte das neue Vorwerk „Heinrichsgrün", zum Teil auch die herrschaftlichen Diener. Drei Geräume.

Der Haackhenn, jetzt Haken: „schön jung Holz von Tannen und Fichten, auch noch fein Stammholz." Die Hut hatte die Stadt und der Schäfer von Schönbrunn.

Der Marxberg: „fein grün Tannenholz, das Fichten ist meistenteils dürr." Die Lichtenbrunner und Lobensteiner hüteten daselbst.

Die Siegeleithe: Das fichtene Stammholz, welches aber wenig, ist ganz dürr geworden, schöner junger Anflug, eine neue Reute. Schafhut.

Die Eichelleithe: Das fichtene Stammholz fast alles dürr, schöner junger Fichtenanflug.

Das Tännig: Hier gab es noch schönes Tannenholz, wegen der Brüche und Dürre, und auch wegen Verkaufs, war das Holz aber sehr im Abnehmen begriffen; die Brüche waren meistenteils aufbereitet. Die Hut hatten die Lobensteiner, die Hammermeister, ein Müller, der Schäfer zu Schönbrunn.

Der Muckenberg: „Uf dießen Berge ist das Holz wegen des großen Bruchs und Dürre fast gahr darnieder gangen, außer ahn den Hange nach der Sahla und Frießa zu hatt es noch fein Stehmholz, das fichtene aber ist gar dörr, welches zu flöß aufgereuhmett wirdtt." Weil dieser Berg sehr „geblößet" war, wurde ein Teil in Hege gethan.

Der Neue Berg: „vom großen Bruche arg darnieder gegangen, mit Fichtenholz fein beflogen."

Die Winterleithe: „fein jung Holz, am Hange auch noch fein Stammholz".

In gleicher Weise wird in folgendem die Beschreibung des **Saalwaldes**, des jetzigen Waidmannsheiler Reviers auszugsweise wiederholt. Hier haben sich allerdings die Ortsbezeichnungen mehr verändert als im Frankenwald.

Gerische Leithe (jetzt irrtümlich Geraische L. genannt): Viel Dürrholz.

In der Oscha: vor einigen Jahren weggekohlt, wieder „fein jung Holz".

Die Korn Reitha: „hatt gar feingewachßen Fiechtenhollz, inn welchen mitt der Zeitt ein feines Harzwäldlein werden könnte."

Im Gerischen Brunn: schönes Tannen- und Fichtenholz.

Der Lindenknoch: vom Winde sehr niedergebrochen, viel Dürrholz. Hier wurde gekohlt.

Saure Kohlung: ein Bruch, sonst noch schönes Stammholz.

Das Muzschenbächlein: schönes Stammholz von Fichten und Tannen, das Fichtene ist aber meist dürr. Es soll dasselbe aufgekohlt werden, weil zur Flöße zu weit.

Der Kalte Brunn: sehr schönes Tannenholz, das fichtene ist meistenteils dürr. Hier nahmen die „Potticher" ihr Feuerholz an, aber nur wenig, weil sie selbst viel Dürrholz hatten.

In diesen Orten gab es 12 Geräumde. Die Trift hatte Wolf Heinrich von Reizensteins Witwe, verschiedene Harraer, mehrere Müller und Hammermeister, einige gegen 4 Groschen Triftgeld für das Stück.

Auf dem Sauberg stand meistens schönes Tannenholz, die Fichten waren aber auch hier fast ganz vertrocknet. Die Hut hatten die Pottigaer. — 7 Geräumde.

Bei der Frößner Kornreute: schönes junges Holz, auch starkes Stammholz von Tannen und Fichten; ein Windbruch; etwas Dürrholz. 3 Geräumde. Daselbst hüteten die Frössener.

Die Rothe Leithe oder die Eicheleithe und der Kohlichbach (jetzt Eichleihte und Kohlung): schönes Stammholz von Tannen und Buchen, die Fichten meistenteils dürr. — 1 Geräumde. Die Hut hatten: „1. die Frößner Dorfschaften biß herein im Fußsteig, so von Bechofen hienüber uf die Rotheleithen und den Stahlhammer gehett." Das übrige behütete Veitt von Draxdorff. Der hier erwähnte Pechofen lag im Ziezelgrund, wie aus einer späteren Notiz hervorgeht.

Der Langgrüner Brand: am Hang noch Stammholz von Tannen, auf der Ebene war alles niedergebrochen. — 12 Geräumde. — Hut. —

Haueißner Knoch: wenig Stammholz, fast alles gebrochen und dürr; an einigen Orten schöner Anflug. — Hut.

Stahlleithe: noch kein Stammholz an Buchen, Tannen und Fichten. Hier hütete das Vieh vom Vorwerk Galgenberg (jetzt Gallenberg).

Silberberg: nur an den Hängen noch schönes Stammholz an Fichten, Tannen und Buchen, das übrige war „durch den Bruch verderbet;“ es beflog aber die Ebene wieder mit schönem jungem Holze. Die Hut hatten die Vorwerke Gallenberg, Niedergrün, auch der Zoppotener Hirte. — Ein Geräumde. —

Der Bierbergk: schön Stammholz von Tannen, Fichten und Buchen; „nimmett niemandt nichts darinnen ahn außer die Flößer, so Floßstücke darauffen ahnnehmen.“

Der hohe Schiller: Schönes Stammholz an Tannen und Buchen; die Fichten meistenteils dürr. Auch die beiden letztgenannten Orte wurden wie alle anderen behütet und zwar vom Vorwerk Niedergrün und dem Dorfe Langgrün.

Aus einer etwas späteren Zeit, als die in vorstehendem auszugsweise wiederholte Beschreibung der Lobensteiner Wälder, etwa aus dem Jahre 1640 stammt ein „Anschlag und Würderung“ der **Schleizer** Forste und Gehölze, gleichfalls eine Vorarbeit zu dem Teilungsvorschlag von 1647.

Diese Schätzungsarbeit nahm je nach Bestockung und Nutzbarkeit vier Klassen an; von der ersten Klasse wurde die jährliche Rente eines Ackers angeschlagen zu 10 sgr 6 ₰, der Waldwert als das zwanzigfache zu 10 fl, von der zweiten die Rente zu 8 sgr, der Waldwert zu 7 fl 13 sgr, von der dritten die Rente zu 6 sgr, der Waldwert zu 5 fl 15 sgr, und von der vierten die Rente zu 3 sgr, der Waldwert zu 2 fl 18 sgr. Dabei wird aber gesagt, daß diese Schätzung der Wälder keine „übermäßige sei oder wie man sie sonst zu kaufen und verkaufen pflege.“

In den so geschätzten Waldnutzungen waren alle damit verbundenen Einkünfte enthalten; als solche werden aufgeführt: Wildbahn, Jagd, Trift, Gerichtsbarkeit und Strafen, Hut, Grasgeld, Mooshafer, Pech.

Der **Schleizer Wald**, samt dem daran liegenden „Künßberge" (jetzt Königsberg) hatte 4487 Acker*), darunter 254 Acker Geräumde. Er wurde nach der ersten Klasse angeschlagen, „weil er im Verkaufe wohl zu nutzen, in einem Orte an der Wetterau gelegen auch zur Flöße zu gebrauchen war."

Im **Oschitzer Wald** (874 Acker, davon 37 Acker Geräumde) gab es „Buchen, Fichten und meistentheils Tannen, so hübsch stark und theils zu Schindelbäumen gebraucht werden." Der Wald hatte ist dem Jahre 96 Gulden Waldzins gegeben. Die Grasweide hatte das Oschitzer Vorwerk, der Herr von Kospoth, sowie die Schäferei auf dem Kaltenhof. Moos- und Pechnutzung war nicht vorhanden.

Der **Pörmitzer Wald** hatte noch „hübsch Holz von Tannen und Fichten zu Schneidklötzen und ezlichen Schindelbäumen."

Nach verschiedenen kleineren Gehölzen wird der **Köthenwald** beschrieben, welcher unter 527 Ackern 47 Acker Geräumde enthielt.

> „Dieser Wald hat bey dem Anfange**) hübsche Kiefern, weiter hinterwärts ist mehrentheils jung Holz von Fichten, Tannen und einzelnen Kiefern, bey Urban Oertels Holz hat es auch junge Fichten und Tannenholz zu Sparren, aber wenig starcke Bäume, bey Leitlitz hat es stark Holz zu Sneideklötzen, Baubäumen und etwas Schindelbäumen."

Köhlerei und Pechnutzung gab es auf dem Köthenwald nicht.

Auf der Heyde bei Langenwolschendorf (355 Acker, darunter

---

*) In diesem wie in anderen Anschlägen wird von einer Messung gesprochen. Aus einer Bemerkung in späterer Zeit geht hervor, daß die Forste tatsächlich, wie schon oben erwähnt, anfangs der vierziger Jahre von einem Geraer „Mathematicus" vermessen worden sind, so daß die Flächenangaben Anspruch auf ungefähre Genauigkeit haben, was auch ein wechselseitiges Vergleichen der damaligen und jetzigen Waldflächen ergiebt. Erhalten ist noch eine Karte des Triebeswaldes mit dem Eselsberg, dem alten Brandt und der Eichleithe. Diese Vermessung der herrschaftlichen Saalburgischen Gehölze fanden mit den übrigen im Jahre 1644 statt. Sie ist was die inliegenden Geräumde betrifft, ziemlich genau. Im übrigen hat sie allerdings nur die Genauigkeit eines Krokis.

*) Von der Weckersdorfer Flur herein.

22 Acker Geräumde) gab es Tannen, Fichten und auch einige Kiefern; in friedlichen Zeiten wurde viel Holz von den Bauern hier angenommen. Keine Pechnutzung und Köhlerei. Früher wurde etwas Moos abgegeben. Die Trift hatte die Herrschaft (Vorwerk Langenwolschendorf).

Vom **Niederböhmersdorffer Waldt** (1745 Acker, einschließlich 53 Acker Geräunde heißt es:

„Dieser Waldt ist erstlich wohl bestämmet, von schönen Tannen, Fichten, auch ezlichen Orthen Buchen und Eichen, wegen der Mosung gefallen jährlich 9 Scheffel Moßhaber. Es sind auch hiebevohrn was von Eyern darvor gegeben worden, gefallet iezo nichts wegen manglung des Viehes, begehret iezo Niemand das graß.“

Endlich wird von der oberen und unteren Haart (zusammen 181 Acker) bei Böhmsdorf (d. i. Niederböhmersdorf) gesagt: „diese beiden Hölzer sind vor wenig Jahren zu Flößholze weggeschlagen worden, bis uff etwas von Kiefern, das andere ist mit jungem Holze gar dicke bewachsen.“

Auch der **Pöllwitzer Wald** (5829 Acker, einschließlich 87 Acker Geräumde) wurde im Jahre 1642 gemessen und geschätzt. Der Bericht hierüber lautet folgendermaßen.

„1. Was das Holz anlanget, so ist dieser Waldt meistenteils mit schönen und starken Tännenholz wohl bestammet, daraus vor dessen bei der Anweisung ein schönes Stück Geld gelöset worden, Nunmehro aber ist es sehr gefallen, und wird kaum auf die Hälffte, und nicht wohl gegen voriger Zeit aniezo verkaufet. Von Windfällen und dürrem Holz ist viel vorhanden, berichten die Förster, so ihnen zulaß gegeben würde, hoffen sie noch wohl an die 100 fl daraus zu lösen, den es ja besser wäre, das etwas daraus genommen würde, als daß die Bäume also liegendt blieben, und verfaulen sollten, wäre auch dem Wald zuträglicher, wenn er geräumet würde, könnte sodann das junge Holz desto besser wieder ufkommen und wachßen; Sonsten giebt es an etzlichen Orten, da es naß und feuchte ist, viel

Bäume, so von dem Gipfel herunter von sich selbst verdorren, und ganz zu nichte werden, wäre derwegen guth, daß man dieselben auch um ein billiches, was sie nur gelten möchten, verkauffen ließe, denn wenn die Schale sich oben von den Bäumen abgiebet, kömmet der Regen und die Feuchtigkeit dazwischen, werden sodann von den Würmern angegriffen und verfaulen also ganz von oben herab auf den Stämmen.

2. Wegen der Geräume ist bishero der Zinß sehr gefallen, weil die Leute wenig Vieh mehr haben, dannenhero das Gras sehr stehendt bleibet, und die Geräume sehr mit Puschholz wieder bewachsen, können aber bei geruhiger Zeit wohl wiederabgebracht werden, im vorigen Jahre ist von den sämmtlichen Geräumen Reizscher und Pölwizer Seithen, außer und in dem Walde 42 fl 9 gr gefallen, aniezo ist vergangenes 1643. Jahr kaum 10 fl 2 gr einkommen auf der Pöllwizer seithen. Jedoch erbiethen sich die Bauern, weil Sie verarmet und nicht bei Gelde seyn, daß Sie Ihre Geräume Zinß mit der Anfuhr des Holzes zur Flöße wieder abverdienen wolten, was aber wüste lieget, muß andere Anstellung gemachet werden, uf der Reizscher seiten gefället jährlichen 4 fl 19 sgr 6 ₰. Ist meistentheils einkommen.

3. Wegen des Mooßhabers ist vor dessen, Anno 1624 42 scheffel 3 Achtel 3 Maaß Plauisch Gemäße oder 64 scheffel 1 Achtel 3 Maaß gerauisch gemäße gefallen, ist aber in vorigen dreyen Jahren nichts einbracht worden, weil die Leut meistentheils in den Wäldern liegen, und nichts in ihre güthern eintragen können, vorn jahr sind wieder 13 scheffel 2 achtel einkommen, und könnte bei sichern Zeiten alles in vorigen standt gebracht werden, denn die Leuthe zu besserung der Felder des Moßes nicht entrathen können, uf der Reizscher (Seite) sindt 27 Scheffel Schlaizer maaß haber einkommen, möchte dies Jahr ein paar Scheffel mehr eintragen.

4. Wegen der Graß=Eyer, welche die Bauren wegen der Graßerey geben, sind vor dessen, Anno 1627 16 schock

einkommen, weil iedes Hauß, so sich des Grases im Walde gebrauchet, 20 Eyer geben muß, bishero aber sind wegen der Unruhe und manglung des Viehes in ezlichen Jahren keine Eier mehr einkommen, vorm Jahre sind wiederum 2 schock gefallen, dürffte dies Jahr auch darauf kommen, uf der Reizscher sind vorm Jahr 4 schock eingebracht worden, dürffte dies Jahr gar wenig einkommen, weil das Volk wegen der Soldaten in Graiz gelegen und die Wiesen meistentheils unabgehauen blieben."

5. Die Schneidemühl zu Pöllwiz kann bei fried und unfrieden genuzet werden, nur daß es mit der Abfuhr schwer zugehet, aniezo sind über 5 Schock Spind und gemeine Breter vorhanden, wie auch von Bottich und Faßholz eine ziemliche anzahl wartet einig und allein auf die abfuhr, auf der Reizscher sind eine ziemliche Anzahl schindeln, nämlich 6 Sechzigk, uf jedes 60 Sechzigk Schock gerechnet, gemachet worden, stehen meist zu Gottendorf undt Reizscha.

6. In der Pechnuzung ist ezliche Jahr wenig verrichtet, ist vorm Jahre wieder angefangen und ist uf Pöllwizer Seithe vorm Jahre 22 Centner über die unkosten eingebracht, laßet sich auch heuriges Jahr wegen der gerizten Bäume die Nuzung wohl wieder an.

7. Die Teiche belangend, welche an der zahl 5 sein, so ist nur der größte an der Försterei besezzet, jedoch auch nicht zur gnüge.

An dieser Stelle soll gleich eine aus dem Jahre 1652 stammende, die Bestockung des Pöllwitzer Waldes betreffende Bemerkung eingefügt werden, die sich in einem Berichte befindet, der über die Besichtigung des genannten Revieres erstattet wurde, als es sich um Anlage eines Floßteiches und Floßgrabens im Leubagrund handelte. Dieselbe lautet: „Das Holz uff dem Netscher Walde wurde in Augenschein genommen, ein ansehnliches an schönen Tannen, Fichten undt mit untermengten Buchen, welches sonst dieser Örther nicht wohl zu gebrauchen, befunden, undt daß selbiges am füglichsten zu Floßholz abgerodet werde."

Die nächsten Nachrichten über die herrschaftlichen Waldungen finden sich in dem „An- und Theilungsvorschlag der Reußischen Herrschaften" vom Jahre 1647.

Hier wird bei Beschreibung der **Lobensteiner Wälder** folgendes vorausgeschickt,

„daß zur erheb- und beförderung der Bergkwerke denen Gewerkschaften, soviel Holz alß Sie vonnöthen auß dieser Herrschaft Wäldern ohn Waldzinß gereichet und darvor jährlichen mehr nicht alß 20 fl überhaupt auß der gesambten Bergkzehendes Einnahme in das Ambt geliefert wird, So alß ein onus dieser Wälder, welche umb deßwillen auch etwas leidlichers angeschlagen zu erinnern gewesen.

Ferner bekamen die Hammersteiner an der Saale und Sormitz, sowie auch an der Lemnitz und dem Langwasser das Holz um etwas billiger, mußten aber dagegen für das ausgeführte Eisen das sogenannte „Eisengeleit" bezahlen, welches nach einem Vertrag von 1610 zusammen 678 fl 12 gr betrug. Da nun aber diese Steuer in der Zeit der Stockung der Gewerbe nicht eingegangen war, so war „auf jede Lachter Holz und auf jeden Korb harter Kohlen" ein Aufschlag gelegt worden.

Von den kurzen Waldbeschreibungen des Teilungsvorschlages mag nur nachstehendes erwähnt werden.

Der Sieglitzberg wird „an einigen Orten sehr dünn" genannt.

Vom **Frankenwald** (13128 Acker, davon 682 Acker Geräume) waren „nach der Förster Bericht und Meinung" zwei Dritteile mit allerlei starkem Holze wohl bestockt, der dritte Teil aber, welcher zu Kohlholz und zur Flößerei, sowie auch durch die Glasmeister abgetrieben worden war, hatte nur junges Holz, welches teilweise erst angeflogen war. Hierbei wurde bemerkt, daß ein Baum von Kopfesdicke für junges Holz gerechnet wurde. Auf dem Frankenwald gab es 10 Gehaue, nämlich 6 Kohlhaue, 1 Glasmeister-Gehau, 3 Floßhaue.

Auf dem **Saalwalde** war „noch stattlich Holz, so zum Verkauff den Dorffschafften und theils zur Flöße wohl anzubringen, undt zu verkauffen, So hat auch dieser Wald seine Pechnuzung, wie auch Trifftgeld, Jedoch ist er an ezlichen Ortten ziemblich abgeholzet, undt ob schon die Kohl- undt andere Gehau mit jungen Holz stark wieder beflogen, So kan es doch sobalden nicht wieder genuzet werden."

Die Herrschaft **Saalburg**, deren Waldungen noch keine Erwähnung gefunden haben, hatte 16 verschiedene „Wälder und Gehölze". Hiervon sind zu nennen*):

1. Der Triebichs-Wald, sonst Taurich genannt.

„In diesem Wald und Thaurich sind ezliche werckbuchen, das übrige Holz ist meistentheils Tannen, zu Bauholz Schindelbäumen und Schneideblöchern tüchtig zu befinden. Vom Grasen und Huetweide wirdt etwas Butter gegeben." — Keine Pechnutzung. — Auf dem „Triebich-Zippel" war schön stark Holz mit jungem vermengt, auf dem „Roth" ebenso, auf der „Schuzleithe" gab es schlechtes Holz, meistenteils jung, der „Lerchenhügel" hatte noch starkes Holz, von der „Blauen Leithe" war die Hälfte abgetrieben.

4. „Die Eichleithen". Fichten, Tannen und einzelne Eichen; geringes Holz.

5. Das Holz am Culmberg war durch Windbruch sehr verwüstet und abgetrieben; mit jungen Fichten und Tannen ziemlich dünn wieder bewachsen; etwas Bauholz, keine Schindelbäume.

9. In dem „langen Höltzlein uffn Hermsdorff oder Petersbach**) zwischen Reyla und Zollgrühn" (32 Acker) waren Kiefern, meistenteils kopfdick, und bekamen der Forstmeister und Amtsverwalter, ebenso der Schultheiß, Schäfer und Vogt zu Oschitz und andere ihr Schleißenholz daraus, sonst wurde nichts hier verkauft.

13. Auf dem Gräfenwarther Forst nahmen die Bürger von Schleiz, wie auch die Culmer und Gräfenwarther Holz an;

---

*) Diese Beschreibungen entstammen den Vermessungen vom Jahre 1644, wo sie sich auf der erwähnten Karte (s. Seite 45) zum Teil wiederfinden.

**) Dazu wird bemerkt, es habe hier vordem das Dorf Hermsdorff gestanden.

daselbst gab es „gar schön stark Holz von Buchen, Tannen und Fichten, Schindelbäumen und Bauholz.“

14. Von den Sieben Linden, wo Floßholz geschlagen wurde, auch die Gräfenwarther und Möschlitzer Holz annahmen, heißt es: „In diesem Holz hat es meistentheils Buchen, so denen Wagnern dienlich, undt Tannen, so zu Schindelbäumen zu gebrauchen, ist aber sehr dünne, alßo daß nicht vielmehr ohne schaden daraus kan geschlagen werden, Weiln es aber von Gräfenwarthern betrieben wirdt, undt das Vieh die jungen Sommerlatten wieder wegfrißet, also will dieser Wald ungern wieder besliegen, ist auch kein Bech-, gras- noch Mooßnuzung zu gewartten.“

16. Auf dem Halben oder **oberen Streitwald** (1930 Acker dav. 7 Acker Geräumde) stand schönes Holz, Buchen, Tannen und Fichten. Moosnutzung, kein Kohlhau und keine Pechnutzung. Keine Trift, aber Gräserei.

Bei der Beschreibung der Wälder der Herrschaft Schleiz ist zu dem oben Angeführten nur noch das hinzuzufügen, was von dem **Schleizer Wald** gesagt wird, nämlich:

> „Von der Höffer Straßen, biß an den Mühldorffer weg, gegen die Stadt zue, der halbe Wald ist von grobem Holz, undt weil dieser Ort deß Waldes der Stadt am gelegensten, gar dünne, außgenommen die Rodte Leiten in welcher wenig angewießen, sondern bißhero geschonet worden, der andere halbe Wald, alß gegen Leßa, Langenbuch, Mühldroff Mielesdorff, Langebach, Zollgrühn, ist zwart vom groben Holz alß Schindel- und Klözbäumen, auch Buchen noch ziemlichen bestammet, lieget aber zum Verkauff nicht sowohl alß der vorige halbe Wald.“

Bei der Herrschaft Gera werden zunächst acht Gehölze, die jetzt den Hauptteil des **Ernseer** Reviers bilden, aufgeführt, nämlich:

„1. Das große und kleine Heynholz, lieget hinterm Schloß Gera, darunter sindt begriffen:

Der Heynberg, der große Heyn, der Erdfall, der Borngrund, der kleine Heyn.

(298 Acker, darunter 74, so mehrentheils Puschholz.)

2. Das Hölzlein beim Sandhügel, hinter Ernsee. (Hat keinen wachßenden Boden, ist auch sonsten gering angeschlagen).

3. Das Büttendorfer Holtz, in welchem begriffen die Töpler Leithen, der Örttelsgraben, das Teichholz (theils gut Holz und wohl bestammet, theils auch etwas ausgehauen).

4. Das Bauren-Hölzlein (wohl an Buschholz etwas bewachsen, doch an Boden sehr gering).

5. Das Terdorfer Holz (meistentheils abgetrieben).

6. Das Holz am Weinberge und das Kieffer-thal (theils gut, theils gering).

7. Das Holtz am Lessengraben.

8. Das Holtz am Bottendorfer Felde.

Außerdem werden beim Vorwerk Debschwitz angeführt:

Das Eichholz hinterm Schloß Gera nach Vollersdorf zu gelegen (Ist in zwei Jahren hero das meiste abgetrieben, jedoch an Stammeichen etwas stehen geblieben und sich mit jungem Holze wieder beflogen).

Ein Hölzlein am rothen Raine, das Gehrhölzlein genannt. (Ist mit ziemlichen Stammholz bewachsen, mit Kiefern, Fichten und Tannen."

Das Gallhölzlein (Ist fürm Jahr sehr abgetrieben).

Vom **Pöllwitzer Wald**, der oben näher beschrieben worden ist, wird gesagt:

„Daß dieser Wald nur uff der bloßen Holznuzung undt wenigen Mooßhaber, sambt der Bechnuzung beruhet, mann aber alda keine Wildpahn hat, ist auch 3 Meilen vom Gera entlegen gehet ein ziemliches uff die Förster und kostet viel, das Holz uff die Elsterflöße zu bringen."

Zum Schlusse dieser Beschreibungen sei bemerkt, daß der 1647 er Teilungsvorschlag die Waldrente noch niedriger einschätzte als die oben erwähnten Vorarbeiten, nämlich in den vier angenommenen

Klassen nach 6, 4, 2 und 1 statt nach $10^1/_2$, 8, 6 und 3 Groschen für den Acker.

Bereits im Jahre 1669 wurden die **Schleizer** Waldungen auf Veranlassung Heinrichs I. jüngeren Reußen wiederum begangen und beschrieben. Dieser richtete in genanntem Jahre an die Herren Antonius und Justus Jonas von Kospoth zu Frankendorf, Zollgrün und Oschitz und an den Hofmeister und Amtmann Heinrich Günther Weyse ein Schreiben nachstehenden Inhalts:

„Wir geben Euch hierdurch gnedig zu vernehmen, welcher gestalt in unßern alßo genannten Schleizer, deßgleichen auch ehedessen nach Saalburgk gehörig gewesenen und wieder mit zurückbekommenen Oschizer Waldt wir bey etlichen Durchreiten selbsten wahrgenommen, daß selbe durch bißherige Anweisen von guten Schindel- und Klözbäumen, deßgleichen Bau- undt andern tüchtigen Holze ziemblichen entblößet, Unß daher besorgend, es möchte in Kurzen sowohl Unsere Hofstadt alß auch die Stadt Schleiz undt anliegende Dorfschaften auß solchen schwerlich für gnüge versehen werden können, Wann wir dann dießen nach und nach einschleichenden Mangel gerne in Zeiten vorbauen, gleichwohl aber Unßere jährliche Intraden, deren ein ziemblicher Theil uf der Holznuzung bestehet, nicht allzusehr erniedrigen, undt wie denen Unterthanen mit der Nothurft aus Unßeren Wäldern geholfen werden könnte, ein anderweiteres thunlicheres Mittel ergreiffen möchten, Alß begehren wir hierdurch gnedig, Ihr wollet nach eingenommenen Augenschein Unß Euer gutachten hierüber, sonderlich auch darinnen eröfnen, wie obbemelte beede Wäldern durch pflegliche nuzung wieder in Aufnahme zu bringen und an dessen Statt der Streitwaldt, welcher mit allerhandt vornehmlich Brennholz überflüßig versehen, anzugreiffen, allwo wir gerne geschehen lassen, daß diejenigen, so sich sonsten der Holznuzung aufm Schleizer Waldt erhohlet, selbiges um geringeren Preiß empfangen, dagegen aber uf obig benannten, sehr erschöpften beeden Wäldern die Stämme gesteigert und nicht alß vor baares geldt, weil mit erlegung des Waldzinßes auch uf der ihnen ziemblich lang hinauß erstatteten Zahlungsfrist, sonderlich bey der Stadt Schleiz sichs iedesmal ziemblich lang verweilet, forthin aufgelassen werden mögen, worüber wir ingleichen, was sonsten zu Heegung und Wiederaufbringung derselben dienlich, wir Eurer meinung förderlichst in Schrifften gewertig."

Von der daraufhin erfolgten Besichtigung und Beschreibung des Schleizer Waldes sind nur einige Bemerkungen erhalten geblieben. Diese lauten auszugsweise:

„In genere: Befinden sich, daß bemelter Wald an der Seiten gegen die Stadt zu von Schindel- Blöch- und Feuerholz sehr entblößet, dargegen mit Bau- und anderen Jungholz überflüßig versehen.

Schauerschacht: Ist ganz gering Jung Holz, ohne Klöz- und Schindelbäume, wie auch Brennholz.

Zeunera: Ist ziemblich guth untermengt Holz von Schindel-, Kloz-, Bau- und Feuerbäumen.

Saubach: Bis uff die hohe Eiche nach der Poseckera zu ein plaz, wie wohl nicht gar zu groß, wohl bestammet, welcher der Stadt Schleiz nicht angelegen.

Poseckra: Ist mit etwas starken Holz bestammet, aber schon viel darinnen gehauen, und daher dünne.

Nach der Grünmühle zu: allerhand vermengt Holz, darunter starcke Bäume zu Blöchern und Feuerholz; nach Zollgrün und den Hohenreuthen zu Jungholz, worunter einzelne starcke stämme.

Hohe Reuthen: an den Mielesdorfer Feldern hat es eine guthe nothurfft rauhes Feuerholz, allein liegt es nicht zum verkauff und kan nur für die Hofhaltung gebraucht werden.

Wolffsbach: eine guthe nothurfft Feuer- und ander grobes Holz, der Stadt Schleiz und dem Dorff Böhmsdorff wohl gelegen.

Am Mielesdorfer Wege: meistens jung Fichtenholz."

Eine Ausmessung und Abschätzung der bei Hirschberg gelegenen Gehölze fand im Jahre 1678 zum Zwecke der damals vorgenommenen Erbteilung statt. Hierbei wurden die einzelnen Parzellen nach Geldwert angesprochen, und zwar ein Tagewerk zu

10—40 Gulden, je nachdem es Blöße, schlecht oder gut bestockt war. Die Bestockung war im allgemeinen eine geringe, meist fanden sich Fichten und Tannen vermengt; Altholz gab es wenig, junger Anwuchs wird viel erwähnt, aber auch Orte, wo solcher ausgeblieben war. Es ist beachtenswert, daß das Tagewerk von Orten, die mit wenig schlagbarem Holze, aber mit etwas 10 bis 20jährigem Anflug bestanden waren, immerhin zu 24 fl angeschlagen wurde. Von einem anderen Ort, der zu einem Drittel mit 20 bis 30jährigem Wuchse bedeckt, dessen andere zwei Dritteile nunmehr bereits das neunte Jahr gehegt wurden, schätzte man ein Tagewerk auf 30 Gulden. In einer Anmerkung zu diesem Schätzungswerke wird nun gesagt: „Oben angesetzte Preise von Tagwerken sind darum so wohlfeil angeschlagen, insofern sie wieder zu andern Güthern geschlagen werden, weil bekannt ist, daß sich Holzungen nicht leicht höher als 3, höchstens 4 pro Cent verinteressiren: sonst könnte man wohl vor 1 Tagewerk, wo es gut an der Lage ist, ohne alles darauf stehendes Holz 50—60 fl rechnen, und verkauft werden.“ Man sieht hieraus, daß mit der steigenden Abnutzung der Waldwert in der dortigen Gegend stark gestiegen war, wie denn auch die Hirschberger Holzpreise immer im Oberlande zu der Zeit sehr hohe waren.

Die nächsten Nachrichten stammen aus dem Jahre 1686, wo über den Zustand und die Beschaffenheit der **Saalburgischen Wälder** wie nachstehend berichtet wird.

„I. Uffm Saalburgischen oder Künßdorffer Wald.

Ist 1. uffm Lichtenhübel, es seer ausgehieben, und solcher gantz dünne von starcken Holz.

2. am Roth ist hiengegen noch wohl bestammet, jedoch kurtz und kripficht Holz, aber nichts spältlich anzusehen.

3. ufm Tauricht sind viel Windbrüche und meist Fichtenholz, so von Pechscharren theils gar zu klein gerissen, also daß viele Fichten schon dürr worden.

4. Uf der hohen Schillern ist hingegen allerhand schön und starck Holz an Buchen, Schindel- und Klötz-Bäumen worinnen die Saalburger bishero meistens an-

genommen, Man aber darbey dießes observiret, daß das Holz, der Waldordnung zuwieder nicht allein etwas zu gering, als eine Buche, so 3, 4 und mehr Lachtern giebt, pro 8, 9 und 10 gr, eine Tanne aber, so 4, 5 und 6 Lachtern gegeben, pro 5, 6 und 7 gr laut Waldzinßregister hingegeben."

Es wurde weiter vorgeschlagen, das Tannenholz für den Gebrauch der Herrschaft zu Schindel- und Bauholz zurück zu behalten, das buchene aber zu 6 Groschen die Klafter zu verkaufen.

„6. Die Blauleithe betr. ist solche wohl genug bestämmet, aber doch kurtz und kein gespältig Holz darinnen, auch zum Verkauff nicht gelegen, also bloß dermaleinst uf die Flöße darmit zu sehen.

7. In der Sommerleith ist schön tännen Bau-Holz und dick bestammet, darinnen aber gar wenig weggewiesen, scheinet wäre auch zur Flöße am besten gelegen.

8. Ufm Beerhübel ist gering und Kripficht Tännen meist Stangen- und Bauholz.

II. Uffm Pirckert ist meist stark und lang Tännenholz, und ist vor dießem geheeget worden, ietzo aber ziemblich dünne gemachet.

III. Im Culmberge ist das darinnen befindliche Dobeneckische Holz, so meist Fichten, seer dünne worden, auch fast allenthalben so ausgehieben, daß hochnöthig, daß das grüne Holz darinnen geheeget, und nur das dürre weggewiesen würde.

IV. Uffm Gräfenwarther Forst ist unterm Thiergarten in der Leithen noch Feuerholz genug und viel an giebeln dürre, wohin die Schleizer Bürger und andere gar wohl zu bringen wären, wenn die Lachter nur etwan umb 1 gr. wohlfeiler gegeben würde, dahingegen viel besser, daß man es oben, allwo das große Holz dünn gemachet, schonete und wachsen ließe, sintemahlen die kläfftrigen Bäume allda seer heraus, aber schon jung Holz an Schwell und Baumstämmen noch genug wieder da, daß nach ein 20 Jahren wieder Schindelholz zu hoffen.

V. Im Herrnholtz. Dießes ist durch das darinnen gewiesene Lachter und Bauholz so lichte gemachet, daß sobald nichts daraus zu verkaufen.

VI. In dürren Fichten ist wohl schön jung und lang Fichten-Holtz, aber von Pechscharren viel zur ungebühr und gar zu jung gerissen.

VII. In sieben Linden und Rohe soweit es oben war eben, seind die Bäume seer weggewiesen und einzeln, die Leiten aber könnten zu nichts als zur Flöße einst genutzet werden.

VIII. Im Pöritscher Holzgrund ist unten, wo man fahren können, vor andern übelgehauset und das Holz seer zerlästert, das gar kein pflege noch aufsicht zu spühren.

Im alten Holzgrund oder Mühlleithe. Dieße ist von alten und jungen Tannen-Bauholz noch dick genug bestammet aus ursach, weilen niemand der hohen Leithen wegen was sonderlich da angenommen.

IX. Im Pöritscher Frankenthal ist einzig den Clostermüllern stets Bauholz daraus und, wie man hört, gar zu wohlfeil gelassen worden."

Am Schlusse des Berichtes heißt es:

„Im übrigen hat man wahrgenommen, daß umb Saalburgk und selbige Landschaft Holtz genug vorhanden, und dargegen der Käuffer zu wenig darzu, also daß über das Feuer- und Brennholz eben nicht so hoch, wohl aber über das Schindelholz zu halten sey, worbey zwar die Saalburger ihr Recht, so sie in Hohlung des dürren Holzes wegen der hohe Jagdfrohn haben, ziemlich mißbrauchen, indem sie nicht dürr stämmlein einer Wasserkannen dick, sondern gar halb kläfftrige stämm ohne scheu wegnehmen, und so man solch Holz, was sie selbst hohlen, einschlagen sollte, würde es sich weit höher als ihr wenigen Jagddienste erstrecken."

Die letzten Nachrichten über den Zustand der reußischen Forste im 17. Jahrhundert stammen aus den Jahren 1698—1700. Was die Lobensteiner Waldungen betrifft, so wurden diese Waldbeschreibungen und Abschätzungen durch die Erbteilung der alten Herrschaft Lobenstein veranlaßt, von der 1678 die Herrschaft Ebersdorf und Hirschberg abgetrennt wurde. Zu der erstgenannten fielen: der westlich der Bamberger Straße gelegene Teil des Frankenwaldes*), der Koselstein, der Kulm, der obere Saalwald, die Sigeleithe, der obere Muckenberg und andere Gehölze.

Von der Beschreibung dieses Waldbesitzes sei das nachstehende herausgegriffen:

„den untern **Frankenwald** betrefendt.

1. der graue Bergk: der hiesige antheil ist von untten hinauf bis fast an die Langkwassermühle zu Brennholz vor die Hofhaltung ganz abgetrieben, von da ist die Wandt gegen die Langkwassermühl mit schlagbarem Feuerholtz bestammet und oben auf der Höhe mit jungem Wiederwuchß angeflogen.

2. der fördere Mittelberg ist ganz zu Kohlholtz abgetrieben wordten, alwogegen dem Kirchbach und oben an den Trogen mit schönen jungen wiederwuchß wieder angeflogen, aber die Wandt gegen dem Grau ist noch gantz bloß.

3. Die fördere und hindere Troge mit jungen Puschholtz und untermengten Buchen, und etwas Plöcherholz bewachßen, unten an dem Mittelbergk und Grund stehet fein Jungk Stamholtz mit untermengten Plöcherbäumen.

4. Hinder dem neuen Wirtshauß an der Waldtleuten ist es mit Buchen und etwas Plöcherbäumen, welches doch gahr sehr ausgehauen und dünne, bestammet.

5. Der kleine und große Mittelbergk: ist oben die eine wandt gegen dem Fuchßen geräumbte zu Kohlholz abgetrieben, daß Untertheil aber wie auch die Eine Wandt gegen der Seeligenstadt ist mit schlagbaren Buchenholtz und Scheerbäume bestammet.

6. Der fördere oder kleine Oßler Bergk ist mit

---

*) Vom grauen Berge wurden jedoch zwei Dritteile in Rücksicht auf die Versorgung der Stadt Lobenstein mit Brennholz dieser Herrschaft zugeteilt. Von 1678 bis 1700 war der Waldbesitz noch gemeinsam.

schlagbarem Buchenholtz, einzelnen Scheerbäumen, schönen jungen Ahornen und wenigen Plöcherbäumen bestammt.

7. Der hintere oder große Oßler Bergk ist auch mit schlagbaren Buchenholtz, einzelnen Scheerbäumen, Ahornen, mit untermengten Plöcherholtz, doch gar dünne bestammet.

8. Der kleine Roßenbaum unter der Glaßhütte zwischen dem Haßelbach und denen Glaßmeistern Felder und Wießen gelegen ist mit Puchen Holz, einzelnen Scheerbäumen und etwas Plöcherholz bestammet.

9. Auf der hohen Tanne: schlagbar Buchenholz, alte Scheerbäume und einzelne Plöcherbäume, wie wohl gar dünn und ausgehauen.

10. An dem großen Gilßenbach hat es gegen der Glaßhütten feinen jungen Widerwuchß, hinunter gegen dem Buchbach ist es wegen dem etliche Jahr her geschlagenen Kohlholz sehr außgehauen und daß schlagbare Holz gar dünne worden.

11. An dem kleinen Gilßebach ist aber gegen der Glaßhütten alles abgetrieben und theils ortten mit jungen Wiederwuchß wiederumb angeflogen, die wandt gegen den Buchbach ist wegen der vor etlichen Jahren allda eingefallenen Dürre und Windtbruch gantz abgetrieben, bis unten gegen den Herbst- und Dürrenbach stehet noch eine Ecke mit schlagbarem Brennholtz.

12. Zwischen dem Buchbach und der Glaaßmeister Felder: alles abgetrieben und mit jungen Wiederwuchß angeflogen, unten eine kleine Wandt, allwo etwas an schlagbarem Fichten- und Tannenholz.

13. Der gantze Finckenberg ist mit feinen jungen Pusch- und Stammholz, jedoch mit nichts schlagbaren angewachßen.

14. Der Vogelbergk: die eine wandt, die Labesleithen genannt, ist zu Bau- und Brennholtz vor den herrschaftlichen hohen Ofen und Hammerwergk Beningengrün fast gantz abgetrieben, an dem Grau bis an daß Tiefen Gespringe ist alles zu Kohlholz weggeschlagen, welches Theils

ortten wiederumb angeflogen, oben auf der Höhe stehet noch waß von schlagbaren Tannen und Fichten Holtz.

15. Der Grau ist gantz zu Kohlholtz abgetrieben wordten, alwo oben gegen dem Tiefen gespringe wieder fein jungk Puschholtz angeflogen, unten aber, gegen den Graubach und Spindlers geräumbte ist es noch alles bloß.

16. Auf der hohen Straßen und großen Mittelbergk ist gegen dem Grau und fördern Trogen bis gegen dem kleinen Mittelbergk zu Kohlholz abgetrieben, gleichfalls ist auch unten gegen den Klein Oßler Bergk etliche Jahr her ein großer Hau zu Kohlholtz gemachet worden, aber die Mitte und die Wand gegen der Glaaßhütten und Oßler Bergk ist noch mit schlagbarem Buchenholz, Scheerbäumen und untermengten Plöcherbäumen bestammet.

Bereits 1700 wurde der Frankenwald wieder beritten. Da das Protokoll über diese Besichtigung den in den Vorjahren vorgefundenen Waldzustand fast überall bestätigt, braucht weniges hieraus mitgeteilt zu werden.

Auf dem hinteren Oßler Berg war schön jung Holz an Ahornen und Buchen. Die vordere hohe Straße wird sehr durchsichtig genannt, ebenso auch der Grumbacher Mittelberg, weiterhin wurde aber auch noch schönes Holz hier vorgefunden. In der Seligenstadt stand überall mit Buchen, Tannen und Areln (Ahornen) untermengtes Holz. Am Grunzenbach, also in der Nähe des jetzigen Franzensberg war der Wald mit Tannen, Areln und Buchen wohl bewachsen. Das Steinlein war nicht sehr mit Holz bestockt, obwohl es mit jungem etwas angeflogen war. In der Falz und auf dem Klößberg gab es junge Ahorne und anderes Holz; die Buchen daselbst waren sehr abgetrieben. Dagegen gab es noch schönes Buchenholz am Tiegelsbach.

Im übrigen wird öfters junges Holz erwähnt, welches mit älterem untermengt war.

Der **obere Saalwald** wird in der 1698er Waldbeschreibung im allgemeinen ganz abgetrieben genannt; im einzelnen heißt es:

„1. Die Spaniersleithen ist unten an gemelter Haueißnerleihten noch mit schlagbaren Fichten- und Tännenholz, doch gar dünne bestammet, von dar bis hinaus an daß Fröſſner Gehöltze ist es alles zu Kohlholtz abgetrieben und oben wieder mit jungen Puschholtz angewachßen."

2. Die kalte Tanne: Hier wuchs von oben herein wieder jung Holz an, an der untern Wand war alles abgetrieben und bloß.

3. Der Sauberg bis auf ein kleines Stück ganz abgetrieben.

Auch die übrigen Teile des oberen Saalwaldes, wie der Lindenknock, die Saal- und die Gerische Leithe waren in ebenso dürftiger Weise bestockt, teilweise wird etwas „Wiederwuchs" erwähnt, an einigen Stellen auch schlagbares Holz von Fichten und Tannen, welches aber dünne und ausgehauen genannt wird.

Vom **Koselstein** bei Wurzbach wird weiter berichtet, daß oben, an der Helmsgrüner Flur und den Querenbachswiesen wegen eines Windbruchs alles zu Feuerholz für die Ebersdorfer Hofhaltung aufgearbeitet worden war, auch weiter herein bis an „den neuen Schutzteich" war alles wegen eingefallener Dürre abgetrieben, sonst war dies Gehölze durch und durch gar sehr dünn mit schlagbarem Holze, aber mehrentheils mit jungem Wiederwuchse bestammet."

Ähnliche Bilder boten auch die übrigen einzeln aufgeführten Waldparzellen, es seien hiervon noch nachstehende aufgeführt:

Die Sigeleithe: gantz abgetrieben und wiederangeflogen.

Der obere Muckenberg: die Wand gegen den Friesauer Bach war ganz abgetrieben und nur mit sehr wenigen „knorrichten" Fichten bestanden; oben auf der Höhe, sowie die Wand nach dem neuen Hammer und der Saale zu war sehr ausgehauen, aber an einigen Teilen mit schönem jungen Buschholz wieder bewachsen, die untere Wand an der Saale war „mit feinem schlagbaren Holz, doch etwas dünne noch bestammet, welches aber wegen der großen Felßen und großen Höhe nicht wohl anzubringen ist."

Auf dem Kulm bei Lobenstein stand noch Bau- und Brennholz, doch war er auch teilweise wegen des Ebersdorfer Schloßbaues und eines Kohlgehaues für den Lemnitzhammer sehr ausgelichtet worden.

Die Waldleithe bei Lobenstein wird ein dürrer und unwachsbarer Ort genannt.

Der Steinbühl bei Wurzbach war „gar sehr abgetrieben aber wieder beflogen."

Zum Schluß des Berichtes wird bemerkt, daß die Grenzen, sowohl die äußeren wie die der innen gelegenen Geräumde, sehr in Unordnung gekommen seien.

In dem darauf folgenden Jahre 1699 wurden die Förster über den Zustand der ihnen unterstellten Wälder in Lobenstein zu Protokoll vernommen.

Ihre Aussagen stimmen meist mit den oben gegebenen Beschreibungen der einzelnen Forstorte genügend überein. Dieselben ergänzen auch den obigen Bericht betreffs der noch nicht beschriebenen Waldteile, ohne daß hierdurch das bei der Durchsicht des 1698er Berichtes gewonnene Bild verändert wird. Ebensowenig geschieht dies durch ein Protokoll, welches von einer im Jahre 1700 aus demselben Anlaß geschehenen Besichtigung des Frankenwaldes handelt.

Die Erbteilungsakten von 1698—1700, denen das Vorstehende entnommen worden ist, geben auch über die Höhe der damaligen Forsterträge Auskunft. Für den Saalwald wurden diese im Durchschnitt der Jahre 1689/1698 zu 1442 Gulden berechnet; davon kommen auf Holzgelder 454 fl, auf Kohlenzins 954 fl und auf Hutgelder 34 fl. Für den ganzen Frankenwald betrugen dieselben im gleichen Zeitraum jährlich 1640 fl, darunter über 400 fl Kohlenzins und 27 fl Hutgelder.

Das sogenannte Gnadenholz, welches an Beamte abgegeben wurde, war jedoch bei dieser Berechnung nicht inbegriffen. Daraus sehen wir, daß die Waldrente am Schlusse des siebzehnten Jahrhunderts kaum höher als 0,5—0,7 Gulden, also etwa 1,0—1,5 *M* für den Hektar einzuschätzen, gegen die Angaben in den 1647er Arbeiten (1—6 sgr. für den Acker) demnach kaum gestiegen ist.

Auch die Schleizer Waldungen wurden am Schlusse des Jahrhunderts, im Jahre 1698, aus Anlaß des Regierungsantrittes des Grafen Heinrich des Elften (1692) von den mit der Aufsicht betrauten Forstbeamten besichtigt. Es berichten diese hierüber in folgender Weise:

„1. Den Schleizer Wald betreffend:

Ist solcher an sich selbst von einem guten und gewächsigen Boden, auch mit Büchenen, Tannenen und Fichtenen Holz, an Schindel, Klöz- und Feuerbäumen noch ziemlich bestammet, dargegen aber nechst Hochgräffl. Hofhaltung der Stadt noch 15 an- und umbliegenden Dörfern, so sich des Schindel-, Klöz- und Brennholzes daraus erhohlen, unterworfen, Und hat insonderheit bey nechsten 2 Jahren hero viel stärkeren anlauf umb Brennholz als vorhergehende Jahre gehabt, in deme durch den, im Saalburgischen erbauten Hohen Ofen, selbige anliegende Wälder und gehölze, als Gräfenwärther Forst, Eichart oder sogenannte Nonnenwald und Sieben Linden dahin abgekohlet, daß die alten Städter und Nicolausgäßer alhier, als welche sich lange Jahre hero uf diesen gehölzen, wie auch dem Burckischen Unkenbühl, welcher ebenmäßig sehr dünne worden, des Brennholzes bedienet, daselbst nichts mehr haben können, sondern nunmehro alle auf den Schleizer Wald gelaufen kommen, dannenhero erfolget, daß die nechsten 2 Jahr her und zwar 1696 über 3000 und 1697 über 4000 lachter vor die Stadt alleine, incl. Besoldungs- und Lohnholz, dann vor Gräfl. Hofstadt auch noch 5—600 Waldlachtern geschlagen und weggewiesen worden, ohne was der Landmann baumweise angenommen, Und obwohln uff dießen Wald beym verkauff, Schindel- und Klözbäume, wie der Preiß und anschlag fast übermäßig erhöhet, so wird doch von einem jedweden, indeme ihnen kein Wald näher, seine nothdurfft erkauft, und sich an sothanen aufschlag nicht gekehret. Daß demnach wir sorge führen, wenn die Stadt mit Begehrung ihrer völligen (nothdurfft) uf diesem Wald ferner anhalten wird, der Wald nach wenig Jahren in solch abnehmen kommen könnte, daß solcher auf die posterität nicht dauern und nachhalten möchte.

2. Den Oschitzer Wald belangend.

So ist selbiger uf der nechsten seiten gegen Oschiz zu mehr

mit zötigen Holzfichten, als tännen Holz, weiln dies letztere, als der Wald noch nach Saalburgk gehöret, fast rein aus an die Schleizer Beilschmiede und Bürger hingelaßen worden, anzutreffen, uf der andern seiten aber gegen Reylau hinauß, seind noch tannen zu $1^1/_2$ und 2 Klaftern anzutreffen.

3. Den Köthenwald betreffend.

Bestehet dieser mehrenteils in Tännenholz zu 1 und wenigk zweiklafftrigen Bäumen, hat aber bishero fast dem Schleizer Wald gleich mehren Anspruch gewonnen, und zwar dahero, weiln der Fürstl. Sächß. Waldt, die Reiboldsgrün genannt, wie auch die nach Gerau gehörige Heyde von denen angelegenen Zeulnrodern, Leutlizern, Langen- und Kleinen Wolfersdorfern so dünne gemachet und gereumet, daß diese ihr nothdürftig Brennholz alldort nicht mehr haben können, sondern benannte 3 Dörfer, bis uf die Zeulenroder, uf diesen Wald gewichen . . . .“

4. Belangend den Streidtwald.

Ist ohne sondern Bericht bekannt, daß dieser Wald am allerbesten mit starcken Holz an buchen und tannen à 6, 8 bis 10 Klaftern auch mit werckbuchen und Schindelholz wohlbestammet und nur die einige Klage darbey, daß wenige und theils arme Käufer darzu angelegen, denn die Liebengrüner Beile- und Radewellenmacher, etliche Liebschwizer und 3 bis 4 Weißbacher, und etliche Remptendorfer Holz darinnen anzunehmen pflegen, und umb schlechten preiß erhalten, und weilen die Liebengrüner so übel bezahlet, ist ihnen der Wald etliche jahr gesperrt worden, da sie dann des Werckholzes uf dem Burckischen Theil sich erhohlet, Nachdem aber das werckholz uf der Burckischen seiten diese Jahre hero abgenommen, das Schindelholz aber durch die Flöße mit weggeschlagen worden, haben sie nun vorm Jahr wiederumb beweglich umb Holz uf hießigen Wald angehalten und Bürgen gesezet, dahero man ihnen das verwichene 9te jahr uf die gewöhnlichen Termine Holz und zwar mit erhöhung 4 bis 6 gr den stamm gelaßen und dadurch befunden, daß der Waldzinß uf diesen Wald in Zukunft sich auch was beßer ergeben werde. Wie aber, dem besten Theil, nehmlich dem Schleizer Wald zu deßen conservirung nur in etwas zu helfen, wißen wir keinen beßern vorschlag zu thun, denn daß man diejenigen, so große posten gebrauchen, und zwar die Färber, Gastwirthe, Schmiede, Schlosser und andere nur mit der Helffte ihres begehrenden Lachterholzes uf den Streitwald verwiesen und die Lachter wegen des fast doppelten Fuhrlohns, nur pro 4 gr., umb sie desto mehr hieran zu bringen, hinließe."

Aus einer Anmerkung geht hervor, daß das Brennholz aus dem Streitwalde in Schleiz auf 25 gr für die Klafter zu stehen kam, indem außer 4 gr Stamm- und 1 gr Anweisgeld 4 gr Schläger- und 16 gr Fuhrlohn zu zahlen war.

Auf diesen Bericht hin verfügte der regierende Graf Heinrich XI., daß der Holzpreis für die auswärtigen Käufer um 2 sgr für die Klafter erhöht würde, ferner daß den Bürgern, die mit Holz handelten, nur 20—24 Klaftern, den Schmieden und Schlossern nur 15—20 Klaftern aus dem Schleizer und Oschitzer Walde abgelassen würden; da aber einer mehr Holz brauchte, sollte er sich es aus dem Streitwalde holen.

Damit war jedoch nicht viel geholfen; denn bereits nach drei Jahren, 1701, berichteten die Forstbeamten Christoph von Kospoth und Melchior Perscher, daß der Zudrang zum Brennholzverkauf immer stärker würde. Sie erklärten denselben wiederum mit der Abholzung und Abkohlung der an der Saale gelegenen Forsten durch verschiedene Eisen-Gewerke, wobei sie erwähnten, daß aus dem Fürstl. Sächsischen Eichart*), dem Gräfenwarther Forst, dem Unkenbühl und den Siebenlinden seit 3 Jahren nicht ein Stamm oder eine Klafter an die Bewohner der Stadt Schleiz oder der angrenzenden Dörfer verkauft werden konnte. Zur Erhaltung der Schleizer Wälder wurde nun vorgeschlagen, daß die Brennholzabgabe an die Bürgerschaft noch weiter herabgesetzt würde. Es sollten nämlich bekommen:

*) Der Eichart gehört jetzt zum Saalburger Revier (Nonnenwald).

4—6 Klafter ein Bürger, der keine Baugerechtigkeit;
10 „ ein Bürger der Braugerechtigkeit auf seinem Hause hatte;
12 „ einer, der Braugerechtigkeit hatte und gleichzeitig Malz mitmachte;
15 „ ein Bäcker und Schlosser;
18 „ ein Schmied.

Dementsprechend verordnete der regierende Graf.

Wir wollen diesen Waldbeschreibungen, die uns ein ziemlich deutliches Bild von dem Zustande des Waldes im siebzehnten Jahrhundert geben, zunächst nichts weiter hinzufügen; wir werden aber hierauf noch zurückzukommen haben, wenn uns durch die Waldbeschreibungen des achtzehnten Jahrhunderts möglich gemacht worden ist, die Veränderungen in der Bestockung und Behandlungsweise unserer Forste zu verfolgen. Zunächst gehen wir aber in Folgendem dazu über, uns mit der Bewirtschaftung und Benutzung des Waldes im siebzehnten Jahrhundert zu beschäftigen.

3. Waldwirtschaft und Waldnutzung.

Von einer Forstwirtschaft im heutigen Sinne kann im siebzehnten Jahrhundert noch keine Rede sein. Waldwirtschaft war damals noch gleichbedeutend mit Waldbenutzung. Die Waldbestände, welche gegenwärtig zum weitaus größten Teile in fast ganz Deutschland das Erzeugnis menschlicher Arbeit und Fürsorge darstellen, waren zu jener Zeit noch freies Erzeugnis der Natur. Das Holz war vielerorts fast wertlos im Walde; es erhielt erst seinen Hauptwert durch die Bringung zu den Verbrauchsorten. Die hierdurch veranlaßten Kosten betrugen das Mehrfache des Holzwertes im Walde, damals bezeichnenderweise Waldzins genannt.

Trotz der geringen Holzpreise*) war auch in jener Zeit die Holznutzung schon die bedeutendste Einnahmequelle aus dem Walde.

Nach drei Richtungen hin bewegte sich in dieser Gegend der Verkauf des Holzes. Zunächst handelte es sich darum, den Bedarf

*) Zu vergleichen Anhang 3.

der Bewohner der Städte, Dörfer und Einzelniederlassungen an Bau- und anderem Gebrauchsholz, sowie an Brennholz zu decken.

Der Holzverbrauch zu Bauzwecken war in älterer Zeit bei weitem größer als jetzt. Das Haus bestand fast ganz aus Holz; Außen- und Innenwände waren aus Balken zusammengefügt und Schindeln bildeten die Bedeckung des Daches. Bei solcher Bauart mußten Brände häufig sein und verheerend wirken; sie veranlaßten öftere Forderungen beträchtlicher Holzmengen.*)

Immerhin trat die Menge des aus dem Walde zu beschaffenden Bauholzes zurück gegenüber der Versorgung der Umgebung mit Brennholz. Schon oben wurde darauf hingewiesen, daß selbst im heutigen Sinne kleine Städte bei reiner Holzheizung den Verschlag einer beträchtlichen Waldfläche verbrauchen würden, wie viel mehr in damaliger Zeit, wo die Heizanlagen sehr viel unvollkommener, der Bedarf an Heizstoffen ein dementsprechend viel größerer war und wo, wie wir später sehen werden, die Holzmassenerzeugung eine wesentlich geringere gewesen sein muß. Beim Verbrauch von Brennholz nahmen eine besondere Stelle die Gewerbe ein, die Bäcker, Schmiede, Schlosser, Färber und andere; vor allem auch die damals von vielen Bürgern betriebene Bierbrauerei.

Der Masse nach nicht sehr ins Gewicht fallend, aber trotzdem recht bemerkenswert ist der Bezug von Schirr- und Geräteholz, zu welchem vorwiegend Laubhölzer verwendet wurden. Auch hier finden wir zu alter Zeit einen viel größeren Verbrauch an Holz gegenüber der neueren Zeit. Allerlei Geräte, wie Löffel, Teller, Schüsseln, Eimer und andere mehr, die heute aus Eisen oder anderen Metallen, aus Ton und Porzellan hergestellt werden, bestanden zu jener Zeit vielfach oder auch meist aus Holz und dies gab den Handwerkern der Waldgegenden, die gleichzeitig als Handelsleute in die Ferne zogen, Gelegenheit zur Arbeit und zu bescheidenem Gewinne. So holten sich beispielsweise die Wurzbacher Tellermacher die

*) Wie bedeutend der Holzverbrauch beim Häuserbau in älterer Zeit war, sei mit zwei Beispielen belegt. Im Jahre 1711 verlangte ein Doktor Leitenfrost in Schleiz zu einem Hausbau 150 Stämme, der Amtsschösser Knoll daselbst zu Erbauung des roten Hirschen 100 Stämme.

Ahorne des Frankenwaldes und die Liebengrüner verarbeiteten die Buchen des Streitwaldes zu Radewellen, Beilstielen und anderem Schirrholz. Große Holzmengen verbrauchte in zweiter Linie der Bergbau und der Hüttenbetrieb, welche schon in alter Zeit durch den Erzreichtum unserer Heimat namentlich im Oberlande hervorgerufen worden waren.*) Gab es hier auch Edelmetalle, so bestand doch der Hauptgewinn in der Ausbeutung der Eisenerze. In den ältesten Zeiten wurden diese durch Tagbau gewonnen und in sogenannten Rennfeuern verschmolzen. Als Zeugen dieses ursprünglichen Betriebes sind vielerorts Schlackenhalden übrig geblieben, die von Gras und Unkraut, von Strauchwerk und Bäumen überwachsen und teilweise schon in Vergessenheit gekommen, gerade jetzt wegen ihres hohen Eisengehaltes wieder ausgebeutet werden sollen.

Nach Urkunden zu schließen liegt der Anfang des eigentlichen Bergbaues und Hüttenbetriebes mindestens im 13. Jahrhundert. Im Anfang des vierzehnten Jahrhunderts finden sich bei Schleiz Silbergruben erwähnt und 1371 bestanden bei Blankenberg an der Saale Eisengruben und ein Hammerwerk. Umfangreicher wurde der Bergbau im 16.**) und in den ersten Jahrzehnten des 17. Jahrhunderts, wo er von den Regenten des Landes in jeder Weise gefördert wurde. So bildeten sich in den Jahren 1601—1605 elf neue Gewerkschaften in den Herrschaften Lobenstein, Schleiz und Burgk. Diese erhielten, wie aus dem 1647er Teilungsvertrag hervorgeht, gegen Abgabe des Bergzehnten das nötige Brennholz unentgeltlich aus dem Walde.

Damals wurden außer Eisen auch noch verschiedene andere Metalle zu Tage gefördert. Es bestanden nämlich vor dem dreißigjährigen Kriege im Oberlande außer 319 Eisengruben 14 Kupfergruben, 1 Kupfer- und Silbergrube, 5 Silbergruben, 2 Blei- und Silbergruben, 4 Antimongruben, 1 Goldgrube; außerdem 3 Alaunerzgruben und 1 Gold- und Zinnseife.

---

*) G. Brückner, Landes- und Volkskunde des Fürstentums Reuß j. L. Gera 1870, I., S. 242 u. ff.

**) 1593 wurden für Kohlen im Amte Lobenstein 522 Gulden eingenommen.

Die gewonnenen Erze wurden in mehr als 18 Hammerwerken und Schmelzhütten verarbeitet, daneben gab es 4 Alaun- und Vitriolhütten und 1 Pulvermühle.

Im erzärmeren Unterlande hatte der Bergbau weniger Bedeutung. Es wurde hier hauptsächlich Kupfer gewonnen, aber auch Eisenerze wurden gegraben. Schon der Umstand, daß es an Holz fehlte und daß solches erst weither auf dem Wasser zugebracht werden mußte, erschwerte hier den Hüttenbetrieb außerordentlich. Denn nur in holzreichen Gegenden fand damals, als die Verwendung der Steinkohle noch unbekannt war, der Hüttenbetrieb die Vorbedingungen zu gedeihlicher Entwickelung. Wie bereits oben erwähnt, waren in dem 1628 abgeschlossenen Floßholzvertrage 800 Klaftern Scheite „zum Kalk- und Kohlenbrennen, vor das Bergwerk, auch vor die gemeine Bürgerschaft" zu Gera ausbedungen worden.

Die zur Verhüttung der Erze notwendigen Kohlen wurden von den Hammerwerkbesitzern und Gewerkschaften durch eigene Köhler hergestellt, wie denn überhaupt in damaliger Zeit abgesehen von dem teilweise an das Wasser gelieferten Floßholze die Käufer das Holz selbst aufbereiteten. Jedes Werk bekam zu dem Zwecke einen Walddistrikt zur Kohlengewinnung angewiesen, woselbst nun jahraus jahrein gekohlt wurde. Hierdurch entstanden zusammenhängende Kohlhaue, von denen im 1647er Teilungsvertrage sechs im Frankenwalde erwähnt werden.

In gleicher Weise, natürlich in viel minderem Umfange, kohlten auch Schmiede im Walde.

Das Kohlen selbst fand zu jener Zeit sowohl in Meilern als auch zur Ausnutzung des geringeren Holzes in Gruben statt. So lagen im Jahre 1618 drei Köhler auf dem Mittelberge beim Grumbach und machten buchene Kohlen in Gruben. In dem oben aufgeführten Anschlag der herrschaftlichen Waldungen durch den Herrn von Waldenfels beklagt sich dieser, daß die jungen Leute nicht mehr kohlen wollten und sich allein aufs Flößen legten, nachdem die Flößerei (auf der Rodach) aufgekommen wäre. Er fügt hinzu, sie, die von Waldenfels, wollten keinem mehr ein Lehen geben, wenn er nicht zuvor seine Probe auf Meiler- und Gruben-köhlerei abgelegt hätte.

Trotzdem nun für den örtlichen Bedarf der angesessenen Bewohner und Gewerbetreibenden, sowie für den Bergbau und Hüttenbetrieb beträchtliche Holzmengen nötig waren, so waren diese Abgaben doch nicht groß genug, um das Holz entlegener Waldteile ganz aufzubrauchen; es kam vielmehr vieles ungenutzt im Walde um, daher die Sorge, das Holz besser zu verwerten, wie oben ausführlich dargestellt, zur Verbringung des Holzes mittels der Flößerei führte. Auch hierbei wurde das Holz in zusammenhängenden Schlägen jahraus jahrein möglichst nahe der Floßstraße und, wenn eine solche notwendig war, der Einwurfstelle geschlagen, bis der zur Verflößung bestimmte und geeignete Waldteil von altem Holze entblößt war. Als solche Floßgehaue werden 1647 im Frankenwalde drei aufgeführt. Da, wo man wie im Pöllwitzer Walde eine bestimmte Einwurfstelle wegen der Anfuhr des Holzes haben mußte, wechselte man den Ort der Floßholzschläge erst dann, wenn mit der steigenden Abnutzung der betreffenden Waldteile die Zubringung zum Floßbache zu schwierig und zu teuer wurde, um einen bequemer gelegenen Waldteil aufzusuchen.

In ähnlicher Weise wie bei der Scheitholzflöße fand die Abgabe des fränkischen Blöcherholzes an die Titschendorfer Wäldner statt, welch letztere vom angrenzenden Bayreuther Gebiet kommend sich auf dem Titschenberge angesiedelt hatten. Diese Wäldner waren gleichzeitig Holzhauer und Holzhändler. Sie kauften eine Anzahl Stämme, welche in älterer Zeit schockweise abgegeben wurden und bereiteten diese selbst auf, um sie auch selbst zu verflößen und an die Händler des unteren Rodachthales, Wehrleute genannt, weiter zu verhandeln. Dieser Holzhandel war verhältnismäßig recht bedeutend. In Akten von den Jahren 1784—1787 geben Wäldner an, daß in den älteren Zeiten die geringsten Wäldner 10—16 Schock Blöcherbäume, die größeren aber 20 und mehr Schock gehabt hätten, jetzt aber hätten die kleineren nur 4—6, die größeren 10—20 Schock. Die Abgabe der Blöcherbäume richtete sich nach der Größe des Grundbesitzes. Die Trift des Holzes, in Bezug auf die Teilnehmer Edegehen genannt, fand gemeinschaftlich statt. Dagegen hatte von den Wäldnern jeder seinen eigenen Hieb, welcher nach ihm benannt wurde. Solche Namen finden sich nicht selten in den älteren Akten und noch heute haben sich in zwei Forstorten des Rodacherbrunner Reviers die alten Wäldnerbezeichnungen erhalten, im Hansenhieb und Beiershieb. Wie damals alle Holzkäufer erhielten auch die Wäldner den Abraum mit; sie verkohlten denselben, soweit sie ihn nicht für sich verbrauchten, und lieferten die Kohlen an die Hammerwerke des Sormitzthales. Wir werden auf die Wäldnerwirtschaft der späteren Zeit wieder zurückkommen.

Wir erwähnten bereits, daß in jener Zeit das Holz fast alles unaufbereitet auf dem Stocke verkauft wurde und in der Regel der Holzkäufer selbst für die Aufbereitung zu sorgen hatte. Den stammweisen Verkauf schreibt sogar die Waldordnung vom Jahre 1638 ausdrücklich vor, auch betreffs der Abgabe des Brennholzes, während, wie aus der älteren, burggräflichen Waldordnung vom Jahre 1571 hervorgeht, früher das Brennholz zwar auf dem Stamm angewiesen, aber von den Käufern in Lachtern aufgesetzt wurde, worauf das etwa zu wenig anfallende Holz nachzugewähren war. Diese Änderung wurde damit begründet, daß „bißweilen von Bürgern und Bauern ziemlicher Betrug vorgangen, indem sie oftmals die Lachtern zu groß gemacht, eines Theils Holz, ehe es von den Forstbedienten abgezahlet, weggeführet, auch wenn es abgenommen werden sollen, gar unfleißig erschienen, und die äste und Giebel nicht fleißig aufgeräumet, die Stöcke zu hoch abgehieben, und dergleichen Vortheil mehr begangen worden.“ Die Thätigkeit der Forstbeamten beim Holzverkauf war also eine recht einfache, sie bestand lediglich in der Bezeichnung der von den Käufern gewünschten, zur Fällung bestimmten Bäume und in der Kontrolle darüber, daß nur diese und keine anderen gefällt wurden. Nur beim Verkauf des Floßholzes ließ man die Fällung, Aufbereitung und die Zubringung zum Floßwasser auf Kosten der Käufer besorgen. Hierbei wurde das Holz vor dem Abflößen gemeinsam von den Forst- und Floßbeamten abgepostet.

Die Abgabe des Brenn- und sonstigen Gebrauchsholzes an die umwohnenden Bürger und Bauern fand zweimal im Jahre statt, zu Reminiscere und Bartholomäi; man nannte diese Holzverkaufstermine das Frühjahrs- und Herbst-Anweisen oder auch die Frühjahrs- und Herbstförsterei. Hierbei waren neben dem Förster der Forstmeister, der Rentmeister oder ein anderer Verwaltungsbeamter anwesend. Im Frühjahr, sobald der Schnee weggegangen war, machten diese Beamten sich zu Pferde auf, durchzogen den Wald mit dem Förster und den Holz verlangenden Leuten, wiesen ihnen die erkauften Stämme an, indem sie dieselben mit dem Waldeisen bezeichneten, nahmen das Geld ein und führten Buch hierüber. Dasselbe wiederholte sich im Herbst vor Einbruch der rauhen Jahreszeit. So wenig mühsam nun die Tätigkeit der Revierbeamten beim Holzverkauf war, so einträglich war sie, denn sie erhielten für das verkaufte Holz Anweisgelder, welche einen großen Teil ihres Einkommens ausmachten. Sie hatten also ein Interesse daran, möglichst viel Holz wegzuweisen, wenn sie ihre Einnahme vermehren wollten. Deswegen hatte schon der Herr von Waldenfels in dem mehrerwähnten Berichte aus den Jahren 1616/1621 zu wiederholtem Male darauf hingedeutet, daß es nicht ratsam wäre, den Förstern das Anweisgeld zu lassen, da vielerlei Vorteil mit unterliefe; es rieten die Forstknechte der Herrschaft vielleicht oft nicht zu deren besten, sondern zu einem solchen Schlag, daß es viel Anweisgeld gebe. Deswegen möchte der Graf hierfür jedem eine bestimmte Bestallung machen und den Förstern das Anweisgeld in der Waldrechnung verrechnen lassen.

So ist auch später in der Lobensteiner und Ebersdorfer Herrschaft verfahren worden.

v. Waldenfels sagt bei dieser Gelegenheit, es beständen bei ihnen folgende Taxen für die Anweisgelder:

5 gr 3 ₰ für ein Schock Blöcher,
5 „ 3 „ für ein Schock Pfaden,
1 „ für einen Baubaum,
1 „ für eine Buche, Ahorn und dergl. Laubholz,
5 „ für einen jeden abgebrannten Meiler,
2 gr $7^1/_2$ ₰ mußte jährlich jeder Grubenköhler geben,
4 ₰ für eine Lachter Brennholz,
1 gr für eine Lachter Büttenholz,
1 „ für eine Rabstange,

6 ₰ für ein Schock Felgen,
3 „ für ein Schock Speichen,
6 „ für ein Schock Reifen.

Als Besoldung schlägt er für den Förster 8 Gulden vor und etliche Scheffel Getreide; empfiehlt hierbei den Bau eigener Forsthäuser, auch möchte jedem Förster ein Geräumde von etwa zwei Hafer-Scheffeln überlassen werden.

Noch mehr Einnahmen aus dem Holze hatten die Förster auf dem Pöllwitzer und Niederböhmersdorfer Walde, wo sie ein Drittel des Erlöses des Stammgeldes bekamen. So beschwert sich gegen das Jahr 1714 der Pöllwitzer Revierverwalter, Oberförster Martini, über seinen Niederböhmersdorfer Kollegen, den Förster Steudel, daß dieser auf seinem, des Beschwerdeführers Revier für 15 Gulden Holz weggewiesen und ihn dadurch um 5 Gulden Stammgeld gebracht habe. Eine derartige Tantieme von $33^1/_3$ % konnte natürlich nur bestehen, solange der Verkauf von Nutzholz nur ein geringer war. Später kam auch das Anweisgeld als Einnahme der Forstbeamten überall in Wegfall, ebensowie auch die Streu und das Giebelholz, wo es ihnen noch gehörte, bei Beginn des 19. Jahrhunderts aus ihrem Einkommen ausschied und zur Forstkasse vereinnahmt wurde.

Es ist einleuchtend, daß bei der eben beschriebenen Art des Holzverkaufs hauptsächlich das bessere Holz weggegeben wurde, während das schlechte im Walde blieb, wie dies auch in dem oben angeführten Schreiben von Heinrich Posthumus ausdrücklich gesagt wird, daß die Leute die besten und frischesten Stämme ausläsen, das schlechte aber stehen ließen.

Gründlicher räumte man beim Verschlage des Floß- und Kohlholzes auf, wo der Abtrieb mehr flächenweise erfolgte. Freilich geschah auch hier die Schlagräumung nicht so gründlich wie wir dies heutzutage auf einem Kahlschlage sehen. Hauptsächlich ließ man wohl das unbrauchbare Holz stehen, nämlich das allzu schwache, welches nach der Definition der Floßholzverträge den Keil noch nicht hielt, oder das allzu ästige und unspaltige. Außer diesem nicht verwendbaren Holze blieb aber noch anderes von der Art verschont, teilweise in Rücksicht auf die natürliche Ansaat der abgeholzten Flächen, teilweise zur Erhaltung eines genügenden Holzvorrats für spätere Geschlechter. Diese beiden Momente werden beispielsweise in dem 1601 mit der Herrschaft Burgk abgeschlossenen Floßholzvertrage ausdrücklich hervorgehoben. Doch mag der wegen Unbrauchbarkeit oder Geringwertigkeit erfolgte Überhalt der sehr viel häufigere gewesen sein. Denn mehrfach finden wir es ausgesprochen, daß es zweckdienlich sei, wenn die alten Floßholzschläge geräumt würden und immer wieder werden neben jungem Anfluge „krüpfichte" und „knaurichte" Fichten und Tannen erwähnt.

Wir haben gesehen, daß die Flößerei eintrat, um das nicht absetzbare Holz zu verwerten und so neue Einnahmequellen aus dem Walde zu erschließen. Da nun aber immer noch viel Holz im Walde umkam und nutzlos verfaulte, nämlich Wind- und Schneebrüche, Giebel- und Astholz, sowie die oft mehrere Ellen hohen Stöcke, so begann man nach Beginn des 17. Jahrhunderts auch dies durch Errichtung einer Glashütte nutzbar zu machen. Denn damals wurde das Glas mittels Holzasche oder der daraus gewonnenen Pottasche geschmolzen. Die Asche wurde aber an Ort und Stelle, wo eben das Holz lag oder die Stöcke standen, gebrannt und in dieser Form war das ohnedem völlig wertlose Holz verhältnismäßig weithin verbringbar.

Die Glashütte wurde auf der Höhe des Frankenwaldes errichtet; ihr verdankt das Dorf Grumbach seine Entstehung, welches noch heute im Volksmunde die Glashütte heißt. Da der Vertrag über die Errichtung derselben im Jahre 1616 in mehrerer Beziehung von Interesse ist, so lassen wir ihn mit einigen Kürzungen hier folgen:

> „Wir Heinrich der Jüngere Reuß, Herr von Plauen pp. vor unß, unsere Erben und Nachkommen urkunden und bekennen hiermit, demnach Peter Grüner und Christoph Müller beyde Glaßmeistern mit unßere Bewußt und Erlaubniß uf den Frankenwald unter unserer Obrigkeit und unsern Eigenthumb ufn Grumbach genannt einen bequemen Orth zu einer Glaßhütte und nothdürfftigen Wohnung sampt andern Zugehörungen abgesehen, unß auch umb Vererbung und Einräumung solches Orths unterthänig angelanget, alß haben wir durch unßere Beampten zu Lobenstein 30 Tagwercke

Waldes, iedes Tagewerck vor 22 Gulden und also in Summa 660 fl, desgleichen eine Wieße umb 130 fl obbemelten Walde gnädig einräumen, zueignen und verlagen lassen, dergestalt und also, daß sie die Glaßmeister die (von den 790 fl) noch restierenden 160 Gulden uf Ostern künftigen 1617. Jahres nicht allein unfehlbar abtragen, sondern auch jährlich halb Walpurgis und halb Michaelis von obgesetzten 30 Tagewercken Waldes 3 fl 3 gr, von der Wiese aber 18 gr und von der Hütte und iedem Wohnhauß (deren sie uf obbemeltem Orth achte und ohne unsere Einwilligung mehrere nicht erbauen mögen) 19 gr 3 ₰ und also von solchen Wohnhäusern und der Hütte zusammen acht gulden 5 gr 3 ₰ zu rechten beständigen Erbzinß, auch uf alle Kaufs und dergl. Veräußerungsfälle, beydes von den mehrgedachten 30 Tagwercken, der Wiesen und uferbauten Hütten und Häusern, den zehenden Pfennig lehnwahr in unser Ampt Lobenstein gegen daselbsten gebührl. Belehnung unweigerlich entrichten, auch in unßere Hofhaltung jährlich ein Schock Taffelgläßer und ein Schock lange Röhren liefern, desgl. was wir und unßere Nachkommen an allerley Glaßwerck bedörffen werden, uns und denenselben vor einen billigen Werth zukommen lassen, undt uf den ganzen Frankenwaldt sich allen Schießens und Waidwerks (außer einer Vogelschneite uff deme Ihnen eingeräumten gehöltz) gänzlich enthalten, und weil man bey Einräumung und Uebergebung obangedeuteter 30 Tagewerck Waldes wegen an vielen Orthen habende großen Dicke und vorhandenen Windbrüchen es ietztmahls so gar guth und gewiß nicht haben können, so soll inkünfftig, wann solcher Platz biß an die Kreutzbäume und Lagung abgeräumt wird, derselbe noch einsten überschlagen werden, und wofern sich soviel oder zu wenig an solchen 30 Tagewercken befinden würden, ein Theil dem anderen erstattung zu thun schuldig seyn, Nachdem wir ihnen auch Viehe und Ochßen zu halten gnädig nachgelassen, so wollen wir Verordnung thun, daß ihnen förderlichst zu solcher ihrer Viehzucht und vor die Ochßen nothdürfftige Trifft (dieselbe nebenst ihren 30 Tagew. zu gebrauchen) eingeräumet and angewiesen werden solle, hierneben ist auch abgeredet worden, und haben mehrgedachte beyde Glaßmeistern bewilliget, und sich verpflichtet, uf besagten unsern Walde, jedoch nicht über eine Viertelmeil Weges von der Glaßhütten, von den vorhandenen tüchtigen Windbrüchen 600 Lachter klein gehauen Holz, iedes Scheid 6 Schuh lang ufarbeiten zu laßen, und vor iede Lachter uff nechst kommende Bartholomei 4 groschen Waldzinß in unßer Ampt Lobenstein baar zu erlegen, auch künftig alle Jahr, bis zur gänzlichen Abtreibung ihres Holtzes zum wenigsten zweyhundert Lachter umb ietzt bemelten Waldtzinß der 4 groschen anzunehmen und damit künfftigen 1618. Jahres anzufangen, auch haben wir gnädig verwilliget, daß nach endlicher Abtreibung ihres eigenen Holtzes wir sie mit nothwendigen Holtz umb obbewehnten Waldzinß der 4 gr vor jede lachter versehen wollen, wie denn auch wir ihnen hiermit vor die acht Wohnhäußer, die ein oder das andere Jahr uf gebauet werden, gegen entrichtung eines jeden Guldens von einem jeden Hauß, nothwendig Feuer- und Brennholtz, jedoch alleine von den Afterschlägen und Windbrüchen, so nahe als möglich gnädig gönnen und nachlassen, und ob zwar noch etwas zweiffelhaftig, ob deren orthe eine Schneidemühl anzurichten seyn möchte, jedoch wofern gedachte beyde Glaßmeistern noch eine erbauen mögen, wollen auch uf solchen Fall Ihnen hiezu notwendige Blöcherbäume gegen einen Waldzinß folgen lassen, Inmaßen denn ihnen nachgelassen seyn soll, wann sie gelegenheit von Wasser haben können, vor ihre Haushaltung eine Mahlmühle zu bauen, und dieweil Wir hirinnen diesen Glaßmeistern die Äscherung alleine gnädig vergönnet, so haben sie dagegen sich verpflichtet, von ieden Scheffel Ascher Lobensteiner Maaß 4 gr 3 ₰ baar zu erlegen."

Im weiteren Kontrakt wird gesagt, daß von Stellung einer Kaution wegen Feuersgefahr abgesehen werden solle, weil die Glasmeister versichert hätten, daß solche anderwärts auch nicht üblich wäre. Sollte dies aber der Fall sein, so sollte noch eine solche gefordert werden. Ferner wurden ihnen zum Tischtrunk 36 Scheffel Gerste oder, solange noch kein Brauhaus gebaut wäre, zweihundert Eimer Bier steuerfrei abgelassen, welche sie aber im Lande kaufen mußten. Als Landessteuer hatten sie 1 Gulden 4 gr zu zahlen, sonst waren sie frei von Frohn und Folgen, ausgenommen in Kriegszeiten.

Außer dieser Glashütte bei Grumbach wird noch eine am Siglitzberg bei Lobenstein erwähnt, und zwar in der Waldbeschreibung vom Jahre 1618. Von derselben liegen jedoch keine weiteren Nachrichten vor.

Auf solche Weise wurde dafür gesorgt, daß das nicht absetzbare Holz der entlegensten Waldteile nutzbar gemacht wurde. Damit haben wir aber die Nutzungen der Waldbestände noch nicht erschöpft. Als eine solche recht wesentlicher Art ist die **Pech- und Harz-Gewinnung** zu nennen. Diese hat seit früher Zeit eine gewisse Bedeutung auf dem Pöllwitzer Walde. Schon im Jahre 1637 wird erwähnt, daß 24 Zentner Pech, die Hälfte des gesamten Anfalles, von den Harzern abgeliefert worden und 60 Zentner in Vorrat waren. In diesem Jahre wurden 42 Gulden aus dem Pech und 10 Gulden aus dem Holze erlöst, wobei allerdings nur das von den Anwohnern bar bezahlte, nicht das für die Hofhaltung verflößte Holz in Rechnung gestellt wurde. Im Anschlag des Pöllwitzer Waldes vom Jahre 1642 wird gesagt, daß mit der Pechnutzung wieder begonnen worden sei und daß man 22 Zentner über die Kosten eingebracht habe. Hierzu ist zu bemerken, daß damals der Lohn für Harzscharren und Pechsieden durch Überlassung eines Teils des gewonnenen Peches bezahlt wurde. Auch sonst muß diese Nutzung zur Zeit des dreißigjährigen Krieges verbreitet und üblich gewesen sein, denn an einigen Stellen der damals vorgenommenen Waldbeschreibungen wird ausdrücklich hervorgehoben, daß dieselbe nicht vorhanden sei.

Nach dem Kriege wurde diese Einnahmequelle in verstärktem Maße benutzt. So wurde im Jahre 1656 ein Vertrag mit Zeulenrodaer Pechsiedern abgeschlossen, durch welchen diesen der Niederböhmersdorfer Wald und die Heide zur Harzgewinnung überlassen wurde. Später harzten auf dem Pöllwitzer und dem ebengenannten Walde Leute aus Göttendorf und Naitschau, indem bereits damals hieraus ein Gewerbe geworden war, welches verschiedene

Anwohner beider Reviere beschäftigte. Diese Zunft hat sich dort lange erhalten; denn bis zum Aufhören des Harzens vor wenigen Jahrzehnten waren es Leute aus dieser Gegend, welche dieser Tätigkeit kundig, sie hier und auf anderen Revieren ausübten.

Die vom Ende des siebzehnten Jahrhunderts vorliegenden Pachtbriefe über das Harzen auf dem Pöllwitzer und Niederböhmersdorfer Walde enthalten hauptsächlich folgende Bestimmungen:

1. Es dürfen keine jungen Bäume gerissen werden. Die Fichten müssen wenigstens die Stärke von Sparrbäumen haben. Die Forstbeamten hatten die Harzer anzuweisen.

2. Die bereits geharzten Fichten sollen nicht aufs neue angerissen werden, wofern nicht die alten Risse verwachsen waren. Dann aber sollten nicht mehr als 1—2 neue Risse angelegt werden.

3. Es sollte namentlich in den wieder bewachsenen Floßholzschlägen schonend vorgegangen werden und durfte hier nicht ohne Gutbefinden der Forstbeamten gerissen werden.

4. Das Harz durfte nicht aus dem Walde geschafft, mußte vielmehr darin zu Pech versotten werden. Das Holz hierzu erhielten die Harzer umsonst.

5. Es mußte eine bestimmte Menge Pech an die Herrschaft abgeliefert werden, das übrige gehörte den Harzern nach Abzug der Gebürnisse der Forstbeamten.

Die zu liefernde Menge betrug beim Niederböhmersdorfer Walde nebst dem Haardt und der Heide von 1686—1700 je 110 Zentner nach jedem Kontrakt, dabei scheint aber nur in jedem zweiten Jahr geharzt worden zu sein. Nach einem anderen 1690 für den Pöllwitzer Wald abgeschlossenen Pachtbriefe mußten jährlich 90 Zentner Pech an die Herrschaft abgeliefert werden.

Da nach diesen Verträgen nicht ein bestimmter Teil des gewonnenen Peches abgegeben werden mußte, sondern nur eine gewisse Menge, während die den Harzern zufallende Ausbeute unbestimmt war, so fand thatsächlich eine Waldverpachtung in Bezug auf diese Nutzung statt und wird daher mit Recht von Pachtbriefen gesprochen.

Auch in der Herrschaft Lobenstein wurden im 17. Jahrhundert derartige Verträge abgeschlossen, so im Jahre 1679 zwischen dem Forstmeister Antonius Weiße und dem Pechsieder und Rußbrenner Hans Renner, welcher über die Verteilung der Ausbeute folgendes bestimmt. Von dem ausgesottenen Pech ging zunächst der zehnte Teil für die Herrschaft ab, ferner die Accidentien der Förster, von dem übrigen erhielt eine Hälfte die Herrschaft, die andere der Pechsieder, welcher aber noch 9 Zentner als jährliche Pacht abliefern mußte. Dieser Kontrakt blieb längere Zeit in Kraft, denn noch 1703 wurden die gewonnenen 31 Zentner 4 Steine 16 ℔. hiernach verteilt. Es erhielt nämlich als Zehnten die Herrschaft 3 Zentner 19 ℔.; die Forstbeamten 3 Zentner 16 ℔., sodaß 25 Zentner 3 St. 1 ℔. zur Verteilung kamen. Die Hälfte des Pechsieders betrug also 12 Zentner 4 St. 1/2 ℔., wovon nach Bezahlung der Pacht als Arbeitslohn ihm 3 Zentner 4 Steine 1/2 Pfund übrig blieben.

Demnach war auch hier der Harzer auf eine möglichst hohe Steigerung der Pechnutzung angewiesen, wollte er einen genügenden Lohn davon tragen.

Das Harz wurde im Frankenwald und auf anderen Revieren gleichfalls im Walde zu Pech versotten; Pechofen finden sich häufig erwähnt, so im Koselstein bei Wurzbach, am Siglitzberg bei Lobenstein, wo noch heute ein Forstort so heißt, und an anderen Orten.

Indem wir zu den übrigen Nebennutzungen übergehen ist vorher darauf hinzuweisen, daß diese nicht so unbedeutend als in der Gegenwart waren. Charakteristisch hierfür ist die Art, wie in der Einleitung zur Beschreibung der Schleizer Waldungen vom Jahr 1616 die Einnahmen von den Forsten aufgezählt werden, nämlich Wildbahn, Jagd, Trift, Gerichtsbarkeit und Strafen, Hut, Grasgeld, Mooshafer und andere Nutzung.

Denn wenn auch schon im 17. Jahrhundert die Einnahmen aus dem Holze die bedeutendsten waren, so waren **Waldweide**, Gras- und Streunutzung insofern von großer Wichtigkeit, als bei dem damaligen Zustand der Landwirtschaft der Wald in dieser Beziehung ihr unentbehrlich war.

Die alte Dreifelderwirtschaft, 2jähriger Körnerfruchtbau, nämlich Winter- und Sommerfrucht, 1jährige Brache lieferte außer dem wenig nahrhaften Stroh sowie der kärglichen Stoppel- und Brachweide kein Futter für die Tiere*). Diese waren daher auf die Wiesen, ständigen Weiden und den Wald angewiesen, wobei zu bedenken ist, daß die Viehhaltung jener Zeit eine bedeutende war**). Wir wissen, daß der Fleischverbrauch im Mittelalter den der Neuzeit wesentlich überstieg***). Wenn nun auch derselbe nach der seit etwa 1530 erfolgten schnellen Preissteigerung des Fleisches in den Städten und deren Umgebung rasch zurückging, so war dies doch sicher sehr viel weniger auf dem Lande der Fall. In den bäuerlichen Wirtschaften wurde fast nur das verzehrt, was auf dem Gute erzeugt worden war. Demzufolge konnte bei einer solchen Naturalwirtschaft die Teuerung des Fleisches auf den Fleischverbrauch weder rasch noch stark einwirken. Dieser blieb nach wie vor ein großer und noch vor etwa einem halben Jahrhundert war es hierzulande durchaus nichts ungewöhnliches, daß zu großen Festlichkeiten der wohlhabende Bauer einen Ochsen schlachtete.

Da also der Wald der wenig Futter erzeugenden Landwirtschaft aushelfen mußte, so ist es uns erklärlich, wenn wir bei Durchsicht der alten Waldbeschreibungen bei jedem Forstorte, so lange ein solcher nicht in Hege gethan wurde, erwähnt finden, daß

---

*) Th. Freiherr von der Goltz, Wörterbuch der Volkswirtschaft, Ackerbau und Ackerbausysteme.

**) Dr. B. Schmidt (Jubiläumsschrift des geschichts- und altertumsforschenden Vereins zu Schleiz, Schleiz 1902, Seite 72) giebt zum Vergleiche mit der letzten Viehzählung von 1900 die von 1596 für verschiedene Dörfer an. Rechnet man hierbei alle Gattungen Vieh in der Weise zusammen, daß 1 Pferd = 1 Rind = 10 Schafen = 4 Schweinen = 12 Ziegen gesetzt wird, so verhält sich die Viehhaltung von 1596 zu der von 1900 bei Lössau wie 19 : 32, bei Mielesdorf wie 22 : 37. Diese Steigerung entspricht kaum der Zunahme der Bevölkerung. Auch bleibt zu bedenken, daß bei einer Viehzählung zu Steuerzwecken (Bethe oder Klauensteuer), wie sie 1596 stattfand, das Zählergebnis hinter der Wirklichkeit doch sehr wahrscheinlich zurückbleibt. Auffallend ist die damals vorhandene große Anzahl von Pferden. Dr. Schmidt führt dieselbe auf die Leistung von Pferdefrohnen zurück. Ob auch das bei dem damaligen lebhaften Fuhrverkehr lohnende Stellen von Vorspann dabei mitwirkend gewesen ist?

***) Rudolf Martin, der Fleischverbrauch im Mittelalter und der Gegenwart. Preußische Jahrbücher 1895. Seite 308.

er behütet wurde. Hierbei muß uns aber auffallen, daß die Hut der einzelnen Ortschaften und Vorwerke sich weithin erstreckte, was eben als eine Folge der im Vergleich zum Futterbau starken Viehhaltung aufzufassen ist. Es hüteten beispielsweise die Oßlaer bis nach dem jetzigen großen und kleinen Brand, südlich von Grumbach, die Wurzbacher bis hinauf auf den Rennsteig, der Ochsenhirte vom Vorwerk Heinrichsgrün bis nach Grumbach; der Schäfer des Vorwerks Unterlemnitz trieb seine Schafe bis auf den grauen Berg bei Wurzbach, und in der Stahlleithe Waidmannsheiler Reviers weidete das Vieh vom Vorwerke Gallenberg.

Hauptsächlich wurde Rindvieh im Walde gehütet, das Milchvieh in der näheren Umgebung, das Mastvieh an den entfernteren Orten. Die Schafhut war nur den herrschaftlichen Vorwerken eingeräumt. Daß Pferde in den Wald auf die Weide getrieben wurden, findet sich zwar in den Akten des siebzehnten Jahrhunderts nirgends ausdrücklich erwähnt, doch können wir es aus verschiedenen Stellen folgern. So heißt es in einem Lagebuch vom Schleizer Walde aus dem Jahre 1599, daß die Böhmsdorfer Hut und Trift mit zwei Pferden und Rindvieh vom Zollgrüner Steig bis an die Hofer Straße hatten. Ferner spricht die reußische Forstordnung vom Jahre 1638 im Artikel 11 von Roß- und Kuhhirten. Sodann ist im Jahre 1618 im Frankenwald, oben beim Grunzebächlein ein Stutenhaus erwähnt und der dortige Forstort zwischen dem genannten und dem Orla-Bach heißt noch heute der Stutenkamm. Auch andere Namen reden zu uns von der ausgedehnten Rossezucht einer längst vergangenen Zeit, so Stutengeräumde auf dem Schleizer Wald, Roßkunst im Waidmannsheiler Revier, der Rennersbühl des Lobensteiner Reviers, Rosenbaumbach im Frankenwald und andere. Man kann also annehmen, daß im 16. und 17. Jahrhundert Pferde im Walde weideten und daß ebenso wie im benachbarten Thüringer Walde auch im reußischen Frankenwalde und Voigtlande die Roßweide als eine Folge ausgedehnter Pferdezucht allgemein üblich war*).

---

*) Zu vergl. H. Heß, Der Thüringer Wald in alten Zeiten. S. 1. „Der Weydelsbach ist von alters ausgehauen und verkohlt, bei dem Wildenstall

Auch Esel wurden im Walde gehütet. Der Saalburger Müller hatte beispielsweise die Erlaubnis, seine Esel in den Wald zu treiben — daher stammt der Name des Forstorts Eselsberg*).

Die Waldweide war den Bewohnern der Ortschaften meist gegen eine geringe Geldabgabe gestattet, aber auch Naturalien gaben diese dafür, Gänse oder Hühner, die beispielsweise bei den Neundorfern erwähnt werden, ebensowie auch für die Gewährung des Grasholens Butter nnd Eier geliefert werden mußten.

Denn trotzdem das Vieh soviel wie möglich auf die Weide getrieben wurde, war doch der Bedarf an Futter so groß, daß innerhalb des Waldes eine beträchtliche Grasnutzung stattfand, um die Ernte der in den Ortsfluren gelegenen Wiesen zu ergänzen.

Wenn man nun aber auch das Gras vielfach da holte, wo eben solches, das sich zum Füttern eignete, vorhanden war, so legte man doch, um Heu zu gewinnen, in ebneren Waldteilen, besonders längs der Wasserläufe zahlreiche Geräumde an; aber auch ziemlich steilböschige Flächen wurden gerodet, ein Zeichen des starken Begehrens von Waldwiesen. Diese wurden in den ältesten Zeiten mittels des Feuers hergestellt, der einfachsten und am wenigsten Arbeit erfordernden Art der Waldausstockung. Deswegen werden in den ältesten Waldbeschreibungen die Geräumde auch Brände genannt, eine Bezeichnung, die sich in Namen von Forstorten häufig erhalten hat und früher auch in der Zusammensetzung Erbbrand vorkam. Außerdem fanden wir in einem Falle, bei der Beschreibung des Wurzbacher Vogelbergs vom Jahre 1618, das Synonym Absengk, welches uns in dem Rennsteigwanderern bekannten Orte Absengk bei Blankenstein als Eigenname überliefert worden ist.

Wiederum sehr bezeichnend für den starken Futterbedarf jener Zeit ist der Umstand, daß die Geräumde weit weg von den Wohn-

---

aber wieder mit jungem Buchen und Sählenholz bewachsen, mit jungen Tannen vermengt, ist aber durch die Pferd sehr verbissen" (aus einer Waldbereitung des Jahres 1557). — Ferner zu vergl.: Bühring und Hertel, Der Rennsteig des Thüringer Waldes, Jena 1896, Abschnitt XII von L. Bühring: Die Rossezucht am Rennsteig.

*) Einen zweiten Eselsberg giebt es im Geraer Stadtwald.

orten der Besitzer lagen. Als Beispiel hierfür sei nur erwähnt, daß am Sauberg Rodacherbrunner Reviers 3 Geräumde lagen, von denen zwei je einem Bauern von Schönbrunn und Helmsgrün gehörten, die also neun und sechs Kilometer vom Wohnorte des Nutznießers entfernt waren.

Die gleichen Umstände erklären es auch, daß der Anteil der Wiesengeräumde an der Gesamtwaldfläche damals meist ein recht großer war. So machen sie nach den 1647 angestellten Ermittelungen im Schleizer Wald 6 Hundertteile aus, jetzt nur 4, im Köthenwald, wo gegenwärtig innerhalb des Waldes keine Wiesen mehr vorhanden sind, waren es sogar 9 %; im Niederböhmersdorfer Wald waren es 3 %, während es jetzt nur 2 % sind, wobei noch zu berücksichtigen bleibt, daß das Dorf Neuärgerniß inmitten desselben damals noch nicht gegründet worden war; der Ernseer Forst, gegenwärtig ein geschlossener Waldkomplex, bestand damals, wie wir oben erwähnten, aus einzelnen Gehölzen, die, wie wir annehmen müssen, durch Geräumde oder Hutflächen von einander geschieden waren. Nur im Frankenwalde lagen die Verhältnisse anders, indem hier nach Gründung der Dörfer Grumbach und Titschendorf, die in den Jahren 1616 und 1620 erfolgte, sowie nach Erbauung des Vorwerkes Heinrichsgrün, welches damals „das neue" genannt wird (ebensowie auch das Wirtshaus Rodacherbrunn so bezeichnet ist), die Waldrodung fortschritt.

Für die Geräumde gaben die Nutznießer meist einen jährlichen Zins; bei vielen war hieraus ein Erbpachtverhältnis entstanden und manche waren schon damals in das Eigentum der früher damit Belehnten übergegangen, wie es beispielsweise von einigen Geräumden im Niederböhmersdorfer Walde heißt, daß hierfür kein Zins mehr gegeben würde und niemand wüßte, wie der Inhaber zu ihnen gekommen sei.

Endlich sei als sehr bezeichnende Tatsache für den starken Futterbedarf jener Zeit, namentlich auch zur Überwinterung des Viehes, hier noch erwähnt, daß zu diesem Zwecke sogar Schneitelstreu aus dem Walde geholt wurde. Es heißt in dieser Beziehung in Artikel 13 der reußischen Forstordnung vom Jahre 1638:

„Und weil Wir auch in Erfahrung kommen, daß an etlichen Orthen die Schäfer und Hirten Winters Zeit viel junge Bäume dem Viehe zur Fütterung gar abhauen, So wollen Wir solches Hochschädliche Vornehmen ingleichen bey Strafe eines halben Guldens Ernstlich verboten haben."

In dieser Beziehung wurde auch bei der 1686 vorgenommenen Besichtigung der bei Saalburg gelegenen Gehölze als ein arger Frevel erwähnt, daß die jungen Tannen von denen, die Ziegen hielten, stark beschneitelt worden wären.

Mit der Gewährung von Waldweide und von Futtergras sind die Leistungen des Waldes für die Landwirtschaft noch nicht erschöpft. Da das Stroh hauptsächlich verfüttert wurde, so mußte der Wald die Mittel zum Einstreu hergeben. Hier half zunächst das grüne Reisig aus, welches hauptsächlich geschneitelt wurde, sodann finden wir überall eine ausgedehnte Nutzung der **Bodenstreu**, nach der am meisten vorkommenden und begehrten Art kurz Moosscharren genannt. Am lebhaftesten war die Nachfrage nach Waldstreu in den dichter bevölkerten Landesteilen, wo der Ertrag der Privat- und Gemeindewaldung nicht hinreichend war, so in der Schleizer Gegend und auf dem von zahlreichen Ortschaften umlagerten Pöllwitzer und Neuärgernisser Wald. Für die Erlaubnis, im Walde Moos scharren zu dürfen, gaben die einzelnen Güter Getreide, meist Hafer, denn „Mooshaber" findet sich in den ältesten Akten als eine regelmäßige Einnahme fast aller Reviere. Die Menge der so erkauften Streu wurde nicht fuderweise oder sonst nach einem anderen Raummaß bestimmt, vielmehr galt die gewährte Befugnis für eine bestimmte Zeit und eine bestimmte Anzahl vou Personen. Als Beispiel dafür, in welch' gründlicher Weise schon damals diese Nutzung erfolgte, sei nur nachstehendes erwähnt.

Als der Besitzer des Rittergutes Triebes von Brandt für die an seinen Wiesen durch die Anlage des Triebesfloßgrabens erfolgten Beschädigungen damit schadlos gehalten werden sollte, daß ihm der Forstort Eichleithe Neuärgernisser Reviers zum Streuscharren eingeräumt wurde, stellte sich dabei heraus, daß daselbst nichts mehr zu holen war, so gründlich hatten die Bauern der benachbarten Orte damit aufgeräumt.

Endlich haben wir noch der **Jagd***) und **Fischerei** zu gedenken. Was die erstere betrifft, so liegt es vollständig außerhalb des Rahmens dieser Arbeit, uns mit der Art der Jagdausübung zu beschäftigen; dagegen haben Wild und Wald soviele wechselseitige Beziehungen, daß es durchaus notwendig erscheint, den in den älteren Zeiten vorhandenen Wildstand nicht außer Acht zu lassen. Freilich ist bereits damals, im siebzehnten Jahrhundert, die Jagd keineswegs mehr als eine gewinnbringende Nutzung des Waldes aufzufassen und wenn, wie wir oben gesehen haben, Wildbahn und Jagd bei Aufzählung der Einnahmen vom Walde vorangestellt werden, so ist dies nur im Sinne der edlen Jägerei zu verstehen. Wie hoch damals der Wert der Jagd geschätzt wurde, können wir ungefähr aus einem Jagdpachtvertrage vom Jahre 1678 ersehen, durch welchen Heinrich der Zehnte von Ebersdorf die ihm zugefallene Hälfte des Frankenwaldes, also etwa 2000 ha, an Heinrich den Dritten von Lobenstein auf 4 Jahre gegen einen jährlichen Pachtzins von 25 Gulden überläßt, wobei auch die Benutzuug der Jagdfröhner, Netze, Garne und Hunde eingeschlossen war.

Zunächst gilt es einem nicht selten vorkommenden Irrtume entgegen zu treten, daß der Wald in älteren Zeiten wesentlich wildreicher gewesen sei als gegenwärtig. Das mag früher der Fall gewesen sein, als unsere Heimat noch nicht vollständig besiedelt war, als zusammenhängende Waldungen von den Auen des Mains bis zu denen der Saale und Elster sich erstreckten. Für die behandelte Zeit, das 17. Jahrhundert, ist es sicher nicht zutreffend, daß die Menge des vorhandenen Wildes eine größere war als gegenwärtig, wohl aber bevölkerten damals noch mehr Wildarten den Wald als gegenwärtig. Schon das Vorhandensein der großen Raubtiere Bär, Wolf und Luchs mußte einer stärkeren Vermehrung des nutzbaren Haarwildes hinderlich sein. Mehr als der plumpe und Pflanzenkost liebende Bär schadete diesem der rudelweis jagende

*) Das über die Jagd gesagte beruht vorwiegend auf einem von Herrn Oberförster Jahn im geschichts- und altertumsforschenden Verein zu Schleiz gehaltenen Vortrage, der dem Verfasser dieses freundlichst zur Verfügung gestellt wurde.

Wolf und der durch List, Körperstärke und Gewandtheit gleich ausgezeichnete Luchs. Ihrer Verbreitung waren die kulturwidrigen Einflüsse des dreißigjährigen Krieges sehr förderlich gewesen, sodaß (etwa im Jahre 1680) die Grafen Heinrich I. von Schleiz und Heinrich III. von Lobenstein sich veranlaßt sahen, in Rücksicht auf ihre wildvertilgende Tätigkeit eine dreijährige, vollständige Hegung des Wildes anzuordnen. Es heißt in diesem Erlasse, daß „in nächsterlittenen Krigs- und bisherigen Zeiten die Wölfe, Luchse und andere schädliche Thiere derartig sich gemehrt und die Wildbahnen, besonders an Rehen dermaßen verödet haben, daß es als ob solche Spezies fast ganz und gar ausgerottet, das Ansehen gewonnen."

Wesentlich weniger aber immerhin in bemerkenswerter Weise wurde die Wildbahn durch die damals in so bedeutendem Umfange ausgeübte Waldweide beeinträchtigt.

Es ist daher erklärlich, wenn in dieser älteren Zeit kein sehr starker Wildstand zu finden war, obwohl außer dem Rehwild Rot- und Schwarzwild überall vorkam. Vorausnehmend sei hier hinzugefügt, daß nach Ausrottung der oben genannten großen Raubtiere, die in der zweiten Hälfte des 18. Jahrhunderts geschah, die Verhältnisse sich anders gestalteten. Erst dann wuchs ein guter Stand von Rot- und Rehwild heran. Doch bereits nach 100 Jahren fiel den Stürmen der Revolutionsjahre 1848 und 1849 das Rotwild fast ganz zum Opfer, während das Schwarzwild bereits früher ausgerottet worden war. Rotwild findet sich in freier Wildbahn nur noch auf dem Schleizer Walde, von wo aus es nach benachbarten Forsten wechselt; außerdem ist im Waidmannsheiler Tiergarten noch ein Stamm des alten, die Saalwaldungen bevölkernden Edelwildes erhalten worden.

Von der Fischerei ist nur kurz zu erwähnen, daß die früher von Forellen gut bevölkerten Wasserläufe nach Einrichtung der

---

*) Die letzten drei Bären wurden nach Brückner Landeskunde für das Fürstentum Reuß j. L. um 1730 in der Haardt bei Langenwetzendorf erlegt. Ein 1672 erlegter Luchs wird bereits als ein „ungemeines dieser Arten" bezeichnet, doch wurden noch 1700 zwei Thaler Schußgeld für einen solchen ausgesetzt. Die letzten Nachrichten über Wolfsjagden stammen aus den Jahren 1738—1743.

Flößerei verwüstet wurden, wie das in den betreffenden Waldbeschreibungen öfters bedauernd hervorgehoben wird. Dagegen kam die Anlage der Floßteiche der Fischerei zu gute, indem diese Teiche mit Fischen besetzt wurden. Könnte man von den Kosten auf die Erfolge schließen, so mußten diese recht gut gewesen sein, denn die Ausgaben für das Fischen verschiedener Teiche waren recht beträchtliche. So kostete das beim großen Pöllwitzer Teich um das Jahr 1640 19 Gulden 9 Groschen; hierbei wurden für das Beköstigen von 33 Personen 9 Gulden 9 Groschen ausgegeben, auf die Person kamen also 6 gr, d. i. beinahe der doppelte Betrag des damals gezahlten Mannestagelohnes. Bezeichnend für die damalige unsichere Zeit war die Anwesenheit von 11 Musketieren, welche den Fischtransport nach Gera geleiten sollten.

Zuletzt soll der in jener Zeit allgemein üblichen Vogelstellerei kurz gedacht werden, die allerlei Arten von Kleinvögeln in die Küche lieferte. Sehr bezeichnend für ihre Verbreitung ist die Tatsache, daß bei Errichtung der Grumbacher Glashütte im Jahre 1616 den Glasmeistern eine Vogelschneite gestattet wurde. Die zahlreich vorkommenden Forstortsnamen „Vogelheerd" beweisen gleichzeitig die Verbreitung des Vogelfangs.

In vorstehendem haben wir die Nutzungen des Waldes in damaliger Zeit kennen gelernt. Dieselben waren dem Geldwert nach recht geringe. In dem 1647er Teilungsvorschlag wird der Ertrag eines Ackers (etwa $^1/_3$ ha) zu 6, 4, 2 und 1 Groschen angeschlagen; in anderen Schätzungsarbeiten, die etwa 20—30 Jahre zurückliegen, auf $10^1/_2$, 8, 6 und 3 Groschen. Demnach wäre der Ertrag eines Hektars damals auf etwa 1—2 *M* zu veranschlagen, Nicht höher war derselbe beim Ausgang des Jahrhunderts, als die Flößerei mit den Holzvorräten aufgeräumt und der dreißigjährige Krieg Handel und Gewerbe lahm gelegt hatte. Wenn in den Teilungsakten von 1698—1700 der durchschnittliche Ertrag des Saalwaldes (etwa 2000 ha) in den Jahren 1689—1698 zu 1442 Gulden, der des Frankenwaldes (rund 4000 ha) zu 1640 Gulden berechnet wird, so kommen wir nach diesen Zahlen auf einen durchschnittlichen Ertrag von etwa 1 *M* bis 1,50 *M* für den Hektar Waldfläche. Die geringen Erträge der Forste werden noch besser beleuchtet, wenn wir die damaligen im Vergleich zur Jetztzeit scheinbar sehr geringen Löhne mit den Holzpreisen vergleichen. Zu Anfang des siebzehnten Jahrhunderts betrug ein Frauentagelohn in dieser Gegend meist $2^1/_2$ Groschen, also etwa die Hälfte dessen, was eine Klafter Holz kostete, und, auf das heutige Maß übertragen, etwa soviel als $1^1/_4$ bis $1^1/_2$ Festmeter, wobei noch hervorzuheben ist, daß im Großen und Ganzen damals ein wesentlicher Unterschied zwischen dem Preise des Nutzholzes und Brennholzes nicht gemacht wurde! Diese Verhältnisse machen es erklärlich, daß Aufwendungen erheblicherer Art im Sinne einer Waldpflege nicht gemacht werden konnten. Dennoch blieb auch schon damals der Wald nicht ganz ohne Fürsorge. Ein Zeugnis hierfür sind die nicht seltenen Besichtigungen und Beschreibungen der Forste, die, wie wir sahen, bereits vor Mitte des siebzehnten Jahrhunderts vermessen wurden. Denn wenn auch diese Arbeiten meist durch Erbteilungen veranlaßt wurden, so geschahen hierbei doch allerlei Vorschläge zu gunsten einer besseren Behandlung der Wälder und einige Besichtigungen scheinen nur aus solchem Anlaß erfolgt zu sein. In dieser Beziehung ist der bereits mehrfach erwähnte Bericht des Herrn von Waldenfels aus dem Jahre 1619 von besonderem Interesse. Schon oben wurde gesagt, daß derselbe mittels Baus eigener Forsthäuser und Gewährung eines geringen Gehaltes die Beschaffung eines Beamtenpersonals empfiehlt. Denn damals scheinen noch nicht überall wirkliche Förster vorhanden gewesen zu sein. Sodann macht er noch weitere Vorschläge waldpfleglicher Natur. Dieselben wollen hauptsächlich dafür sorgen, „daß die Faulung verhütet“ werde. Deswegen sollte man da alles Harzscharren einstellen, wo man Absatz für Blöcherholz hätte. Weiterhin beschäftigt er sich mit der Nutzung versumpfter Waldteile, wobei er namentlich den Krötensee (Revier Rodacherbrunn) aufführte. Dort stände das Holz „im Morrast.“ Vielleicht ließe es sich nutzen, indem die Untertanen angehalten würden, es bei Frost herauszuschaffen; vielleicht ließe sich auch ein Teich anlegen und könnte man auch versuchen, das Wasser durch Wassermühlen, wie man es im Unterland sehe, herauszuschaffen. Auch Anlage von Gräben werden vorgeschlagen. Auf solche Weise könnte man schöne Wiesen schaffen. Sodann kommt von Waldenfels auf das Reutbrennen, von welchem er sagt: „Weiln das Holz mit mang abnimmt, soll man billich alles Reutbrennen abstellen, da, wo man brennet, das Holz gar nicht oder doch langsam hernach wechßet und der Wälder halber große Gefahr dabey ist.“ Da hier vom Schaden die Rede ist, der dem Holzwuchse geschähe, so kann also nur von einer vorübergehenden Rodung die Rede sein. Ob diese nun zu dem Zwecke erfolgte, bessere Gras- und Weide-Plätze zu schaffen, oder ob hier wie an anderen Orten eine zeitweise Benutzung der gerodeten Flächen zum Zwecke des Körnerbaues erfolgte, konnte nicht festgestellt werden.

Gegen die Waldrodungen im allgemeinen war bereits 1609 durch Heinrich Posthumus eine Verordnung erlassen worden; es geschah dies aber vorwiegend in Rücksicht auf die Wildbahn, wie dies schon aus dem Zusammenhange hervorgeht, daß die anderen Bestimmungen der betreffenden Verordnungen jagdlicher Natur sind.

Hierbei kommen wir auf die Waldordnungen, die uns zeigen, in welcher Weise in älterer Zeit für den Wald gesorgt wurde und auch in dem, was sie anordnen oder verbieten, über vielerlei Verhältnisse Aufschluß geben.

Die älteste vorliegende **Waldordnung**, die Heinrich Burggraf zu Meißen 1571 erlassen hatte, enthält lediglich die Bestimmungen über Verkauf, Aufbereitung und Abbringung der Hölzer, der Waldpflege ist in derselben nirgends gedacht. Die nächste Waldordnung, die nicht erhalten geblieben ist, erließ 1619 Heinrich Posthumus. Bereits 1638 wurde sie von den derzeit gemeinsam regierenden Herren „wiederum revidiret, weiter erklärt, gebessert und durch offenen Druck erneuert.“ Diese Waldordnung liegt uns vor und enthält folgende Artikel.

1. Von den Obliegenheiten der Forstbeamten.
2. Von Haltung der Förstereyen und Holtzschreiber.
3. Von Anweiß- und Schreibgebühren.
4. Von Haltung der Forstregister.
5. Von Anweisen.

Dieser Artikel ist für die Wirtschaftsweise jener Zeit so charakteristisch, daß wir ihn zum Teil wörtlich folgen lassen:

„Ebenermaßen befehlen wir hiermit unserem Forstmeister und Forstbedienten, daß sie vor dem Anweisen die Wälder und Gehöltze bereiten und begehen, und darauf dencken sollen, daß sie das Anweisen keineswegs Platzweise, sondern also, und an solchen Orthen, so viel müglich anstellen, daß es den Geheegen, Gehöltzen und Wildbahn am wenigsten schädlich, und sonderlich das weiteste vor dem nächsten, auch das wandelbahre, dürre und liegende vor dem frischen und stehenden angewiesen, und die guten Bau-, Klötz-, Schindeln-, Botten- (= Büttner) und dergleichen Bäume, nicht zu Feuer Holtz ausgelassen, sondern so viel müglich mit beßern Nutzen verkaufet werden.

Desgleichen soll den Wagnern hinfüro nichts nach Stocken (= Stücken) angewiesen, sondern alles, (wie auch denen Böttnern) baumweise gelassen werden, es wäre denn in einem Kohlhau, da die Afterschläge unß wieder zu Nutzen gebracht werden können.

Ferner so soll das kleine Bauholtz zu Gesparren und Riegeln, sowohl die Hopfen-, Schlag- Schrenck- und Lattenstangen an solchen Orthen, da die Dicken sein und kein Schaden geschicht, angewiesen und außgezogen, aber doch keine neue Wege, (wie man sonsten zu thun pflegt) darzugemacht oder geräumt werden, und sonderlich ist unser ernster Befehl, daß in Anweisen fleißig Acht gegeben werde, daß der Wald, da er sich anfängt, von außen gantz bleibe, und man nichts von dem Saum, es sey Gutes oder Böses, sonderlich aber die Lag oder Reinbäume nicht wegweise; damit der Wald wie gedacht, von außen ganz bleibe und gleichsam einen Schutz habe, auch denjenigen, so mit gereumen, Wiesen und Äckern an unsere Gehöltze gräntzen, nicht Ursach gegeben werde, weiter hinauß zu räumen, wie biß anhero vielfältig geschehen.

So soll auch niemand das junge, angeflogene und aufwachsende Holtz, Arms oder Beinsdicke, im Anfang des

Waldes abzuhauen nachgelaßen werden, bey Verlust des Dienstes.

Ebenermaßen sollen hinführo weder die Schindelmacher oder jemand anders eintzigen Baum behauen, oder plätzen, bey Strafe eines halben Gulden, da aber einer eine Marck daran schlagen will, mag solches an der Wurzel geschehen."

6. Vom Verkauf des windfälligen Holtzes.

Hierin werden vom Verschlag ausgeschlossene, reservierte Waldteile erwähnt, denn es heißt: „Ohne unser Vorwissen soll zwischen den geschlossenen Holtz-Markungen gar kein Holz verkauft oder weggelassen werden."

7. Vom Holtz, Ab- und Aufhauen, Abmessen und aus dem Walde führen und schaffen.

Hiervon ist als sehr bemerkenswert hervorzuheben, daß bei der Aufbereitung des Brennholzes verboten wurde, es mit der Axt zu hauen oder zu schroten, sondern der Gebrauch der Säge angeordnet wurde.

8. Von Bezahlung des Holzes.

9. Von Frohnholz und Fröhnern.

Das Fronholz wurde von Handfrönern geschlagen, von den Spannfrönern gefahren. Erstere waren bestrebt, nicht das angewiesene, sondern das am leichtesten aufzubereitende, was als Nutzholz tauglich war, in Klaftern zu schlagen und zu setzen, letztere suchten sich das Fahren soviel als möglich zu erleichtern, indem sie Holz liegen ließen oder unterwegs beiseite warfen. Hiergegen wollte dieser 9. Artikel einschreiten.

10. Von unrechtem Holtzhauen, -wegtragen und -stehlen.

In diesem Artikel wird das Leseholzholen an zwei Tagen der Woche gestattet.

11. Von Kohlen der Hammermeister und Schmiede, und Verhütung Brandschadens aufn Wäldern, wie auch mit den Eschern.

12. Vom Pechscharren.

Das Anreißen junger Fichten wurde verboten; es sollte beim Harzen kein Beil sondern ein dazu gehöriges Instrument verwendet werden. Fleißige Aufsicht wird angeordnet, weil viel Harz heimlicher Weise von den Bauern gestohlen würde.

13. Von Rindenschalen und von schneidlung der Bäume.

Beim Streuschneiteln war das Besteigen der Bäume nicht erlaubt; es war dasselbe überhaupt nur in Jahren der Mißernte gegen ausdrückliche Erlaubnis gestattet. Dagegen wurde das „Moosrechnen" zur Besserung der Güter freigegeben.

14. Von neuen Reuten und Geräumen.

Diese sollen nicht ohne ausdrückliche Genehmigung angelegt werden.

15. Von der Wildbahn und Jagden.

16. Von Hegung der jungen Gehaue.

Darin heißt es:

> „Weil auch aufn Wäldern viel abgehauene und abgekohlte Plätze und lichte Örter zu befinden, und die Nothdurff erfordern will, Es soviel müglichen dahin zu richten, daß solche Örter wieder befliegen mögen, So befehlen wir hiermit, daß allda die Gräserei keineswegs verstattet, sondern bei fünf Gulden Strafe verboten. Ingleichen auch, bey erwehnter Straf dahin keinem Trift verstattet werde, damit der Samen und junge Schüßerling verschonet bleiben und die Gehöltze wiederum in Aufnehmen kommen mögen."

17. Von der Huth, Trift und Graserey in den Wäldern.

18. Von Gräntzen, Lagungen und Reinungen.

19. Von Aufsehung auf die Forellen-Bäche und Mühlgräben.

20. Von Holz, Wandel und Strafen.

21. Von wöchentlicher Zusammen-Kunft des Forstmeisters, Forstschreibers und Förster.

22. Von öffentlicher Verkündigung dieser unserer Waldordnung.

Es ist eine natürliche Folge der Verhältnisse jener Zeit, daß die Waldordnungen, obwohl sie alles in sich begreifen wollten, was damals für die Aufsicht und Verwaltung eines Waldes notwendig war, der Nachzucht des Holzes verhältnismäßig wenig Raum gaben. Schon oben haben wir gesehen, daß man bei den Floßgehauen das schwache Holz stehen ließ, in der Absicht, den Nachkommen einen genügenden Holzvorrat zu hinterlassen und für die natürliche Nachzucht zu sorgen. Wir sehen aus der Forstordnung, daß man durch eine zweckentsprechende Verteilung des abzugebenden Holzes in gleicher Weise bestrebt war, eine genügende Waldbestockung zu erhalten. Beim allmählichen Abtrieb eines Bestandes, wie er durch das jahraus jahrein erfolgte Anweisen geschah, war dies freilich viel leichter durchzuführen, und nur da, wo nahe an Verbrauchsorten der Holzverkauf sichhäufte, entstanden unerfreuliche Waldbilder. Die geräumten Floßholzschläge und auch die Kohlhaue gaben also ein ganz anderes Bild als unsere gegenwärtigen Kahlschläge oder auch als solche Schläge, die nach einer mehr oder weniger gelungenen natürlichen Verjüngung den Altholzbestand räumen. Denn der seit ältester Zeit plänterweise bewirtschaftete Wald war ungleichaltrig. Auf den geräumten Flächen blieben nun nicht nur Jungwüchse stehen, sondern auch nach unseren Begriffen mittelstarkes Holz, denn unter schwachem Holze oder Büschen verstand man damals solches, was „eines Arms oder Beins oder einer Wasserkanne Dicke" hatte. Daß daneben auch älteres, ganz ästiges Holz zum Schaden des jungen Bestandes von der Axt verschont wurde, geht aus manchen Waldbeschreibungen und Verordnungen hervor. Deswegen haftet den alten „Scheerbäumen," die namentlich in den 1698er Forstbeschreibungen häufiger erwähnt werden, immer der Begriff des Schlechten und Häßlichen an. Da aber die Jungbäume und Jungwüchse in vollem Lichtstande kräftig Seiten wuchsen, so war die Möglichkeit gegeben, daß schon nach nach allen verhältnismäßig kurzer Zeit wieder ein Waldbestand vorhanden war, der freilich viel schlechtes ästiges und faules Holz enthielt. Es darf uns also nicht Wunder nehmen, wenn beispielsweise ein Ort vom Jahre 1618 ab durch Kohl- oder Floßholzgehaue in völliger Abnutzung sich befindet und wenn 1698 wiederum erwähnt wird, daß er nunmehr völlig abgetrieben sei, wenn also der Hieb im Verlauf von 80 Jahren zweimal behufs völliger Abnutzung ein- und denselben Ort aufsuchte.

Das wirksamste Mittel für die Nachzucht des Holzes zu sorgen, war die Hegung, durch die solche Orte, die nahezu abgeholzt und nicht wieder beflogen waren, von der Gräserei und Weide ausgeschlossen wurden. Wenn alsdann ein solcher Ort gänzlich geschont war, lieferten die im vollen Lichte stehenden älteren und jüngeren Überhälter Samen genug, um eine nach damaligen Begriffen genügende Bestockung zu erzeugen.

Sehen wir nun zu, welcher Waldzustand sich bei der eben beschriebenen Wirtschaftsweise bis zur späteren Zeit herausbildete.

III. Das achtzehnte Jahrhundert und spätere Zeit.

1. Waldbeschreibungen und Abschätzungen.

Die Nachrichten über den Zustand des Waldes im 18. Jahrhundert sind nicht so zahlreich und ausführlich, wie die vom vorhergehenden, immerhin ist es recht wohl möglich, uns hiernach ein zutreffendes, deutliches Bild zu schaffen.

Von den betreffenden Schriftstücken lassen wir wiederum das Charakteristische auszugsweise und in abgekürzter Form hier folgen.

Aus dem Jahre 1714 stammt eine Waldbeschreibung, welche die der damaligen Herrschaft Ebersdorf zugehörenden Waldungen betrifft. Es heißt darin von den einzelnen Forstorten:

Der Koselstein: „Der bisherige Fronhieb (daraus über die 16 Jahre alle mal in die zwei bis drei Hundert Klafter Hofhaltungsholz geschlagen wurden), sonst der Querenbach genannt, brauchet besseres Wegräumen. Das gelassene Scheerholtz in den neuesten Hieben ist des Orths Beschaffenheit nach nicht vor rathsam zu halten, sondern durchaus gleich wegzutreiben. Am unteren Hau lieget ein ziemlicher Bruch, der käuflich zu verlassen oder aufzuräumen. Uebrigens hat der Wind das meiste Stammholtz den ganzen Berg hinumb wieder geworfen, dessen ungefähr in die 1500 Lachter sein mochte, ohne was noch von den stehenden einzelnen Stämmen werden möchte.“

Von der Bauersleithe wird gesagt, hier würde nicht viel angenommen werden, weil der Brüche viel seien und allerwärts Holz zu verkaufen wäre.

Auf dem Kulm gab es schönes, junges Holz, zur Zeit das beste Stammholz, oben herum standen starke Bäume zu Scheiten und Klötzen.

Der Muckenberg: „Die Wand an der Saale hin ist von dem großen Wind vollends rein gemacht und werden die Brüche anitzo zu Hammerholz aufgearbeitet." Weiterhin wird noch schönes Holz erwähnt.

Von dem Frankenwald wird zunächst der graue Berg beschrieben mit den Worten: „das meiste bestehet in dickem, jungen Holtze."

Der vördere Mittelberg: „Ueber den Grund ist seit den siebziger Jahren Kohlholtz geschlagen worden, so wieder beflog, die andere Wand aber gegen den Grau hinauf ist nur vor 9 Jahren zu ebendergleichen weggeschlagen, befleuget zwar auch wieder, allein es sind die Haue sehr übel geholtzet, und können in den letzteren mit den umbgeschlagenen Scheerholtze bis 50 Klaftern Scheidte aufgeschlagen werden. Oben auf dem Berge steht etwas angehendes Stammholz. Die Wand gegen den Kirchbach nach den vorderen Trogen zu hat durchgehends jung Holtz mit wenigem Schlagholtz vermenget.

„Der fördere Troge: ist um den Kirchbach hinauf ungefähr des halben Weges zum neuen Wirtshaus*) ingleichen auf der anderen Seiten bis wieder zum vorderen Mittelberge schön bestammet und durchaus vollständiger Wald."

„Der hintere Troge: hat fast gleiche Bewandnis und stehet gar schön Holz daselbst, nur daß es nicht so durchgängig überein ist."

Die hohe Straße war vor 10 Jahren zu Kohlholz abgetrieben worden, doch hatte man das junge Holz einigermaßen geschont.

Der Grau: „An der hohen Straße findet sich noch fein Stammholz, nach dem Geräumde zu ist hingegen seit den 8 Jahren alles zu Kohlholz abgetrieben, woselbst wegen der großen

---

*) Bei Lobenstein, damals eine allseitig von Wiesen und Äckern umgebene Waldhöhe, jetzt infolge ausgedehnter Aufforstungen dem übrigen Walde angeschlossen.

*) Rodacherbrunn.

Blöße noch kein Anflug zu sehen. Alsdann folget ein älterer Hau und oben hinauf nach dem tiefen Gespring noch ein älterer, da Wiederwuchs anstehet."

Die Waldleithen: „Darinnen liegen anitzo vier Blöcherhaue, die jährlich ungefähr 2 Schock tragen möchten, hat übrigens kein Stamholtz, aber viel unwachsbares Buchengehöltze."

Der kleine, oder hintere Mittelberg: „Zwischen dem Seligenstedter Grundt und dem Fuchsen-Bächlein steht mehrenteils Buchen- und Ahorn-, auch untermengten schwarzen Holtze, oben von Fuchsenbächlein bis hinunter an den Grundt ist ein neuer Kohlhieb, darinnen Stöcke von 2, 3, 4 Ellen hoch gelassen worden."

Der kleine Finkenberg: „Oben geht vorher besagter Kohlhau durchaus, das untere Theil ist dünn bestammet, mit vielen Buchenholz untermenget."

Der kleine Oßlaberg: „Ist von Buchen- und Schwarzen Holze ziemlich wohlbestammet, darunter altes Scheerholz und Ahorn befindlich."

Der große Mittelberg; welcher den jetzigen Forstort Fuchsen mit begreift, an den kleinen angrenzte und bis an die hohe Straße reichte, war nur teilweise mit schlagbarem Holz bestockt. Es befanden sich einige Kohlhaue darin, auch hatten die Glasmeister hier geschlagen. Zum großen Teil war dieser Ort wieder mit jungem Holze bewachsen, auch angehend schlagbares wird erwähnt.

Der große Finkenberg enthielt meist junges Holz und Wiederwuchs, ebenso auch der Vogelberg, wo ein Teil älteren Bestandes durch den Wind über den Haufen geworfen worden war.

Am Schluß der Beschreibung des Frankenwaldes wird folgende Bemerkung gemacht:

„Weiln die Haue meistentheils fleckweiß und ungeschonet zu befinden, die zum Theil mit verderblichen Pusch- oder Laubholtz wieder angefüllet, zum Theil auch noch gar bloß liegen, dahingegen an vielen Orthen das abgestorbene Holtz uffm Stamm oder umgeworffen verfaulet, so ist dieser schöne Wald in seiner Nutzung um ein großes verringert worden." Es wird deswegen bessere Aufsicht, besonders beim Holzhauen und bei der Köhlerei empfohlen. Die Nutzung bestand hauptsächlich in Kohlholz, wovon die herrschaftlichen Werke 3—4000 Klaftern verbrauchten. Außerdem wurden einige Schock Blöcherbäume nach Franken verkauft, während die Scheitholzflöße ebendahin noch nicht in Gang gebracht worden war. Ein Blöcherstamm kostete 8 Groschen, dazu wurden aber die schönsten Stämme ausgewählt.

Von der Verlagung wird bemerkt, daß davon wenig zu sehen wäre.

Unerfreuliche Waldbilder zeigte der Ebersdorfsche Saalwald. Hier war die Gerauische Leithe zu Kohlholz abgetrieben, das übrige bestand in Wiederwuchs und jungem Holze.

Der Lindenknock „war über und über vor den Lemnitzhammer abgetrieben; es mag allda schönes Holz gestanden haben."

Die Spanniers Leithe hatte hübsches Blöcher- und Brennholz, war ziemlich dünn bestammt, wurde aber trotzdem als eines der besten Stücke auf dem Saalwalde angesehen.

Der Sauberg war gleichfalls schlecht bestockt.

Für den Zustand des Saalwaldes ist folgende Bemerkung charakteristisch. „Bey dermaliger Bewandniß, da kein Stück durchaus nur mit schlagbarn Holze bestammet und da der Boden bey entblößten Stande sich bald in Raaßen verwandelt und an meisten Orthen so balden nicht wieder zum Anflug disponiret ist", seien soviel wie möglich die Blößen zu vermeiden und es sei nur das alte Scheerholz und das ausgewachsene nebst etwas Blöcherholz successive herauszunehmen.

Dieselben Ebersdorfer Waldungen wurden 1747 durch den Oberförster Schuster in Saalburg wieder besichtigt. Derselbe verbreitet sich zunächst im Eingange seines Berichts über die Grundsätze der Forsttaxation. Dabei stellt er folgende Tabelle über das Wachstum der Bäume auf:

Es wüchse ein Baum	Wert:	Auf 1 Klafter gingen:
in 10 Jahren etwa so groß wie ein Riemstecken	1 Heller	—
„ 20 „ zu einem Pfahlstänglein	4 ₰	—

						Wert:	Auf 1 Klafter gingen:
„	30	„	„	einer	Schachenstange	16 „	30 Stück
„	40	„	„	einem	Röhrenstämmlein	3 Groschen	12—15 Stück
in	50	Jahren	zu	einem	Sparreiß	6 Groschen	8 Stück
„	60	„	„	„	Baustämmlein erster Gattung	10 „	4 „
„	70	„	„	„	Baustämmlein zweiter Gattung	15 „	$3^1/_4$ „
„	80	„	„	„	Baustämmlein dritter Gattung	21 „	$2^4/_{10}$ „
„	90	„	„	„	Hauptbaum zu Balken, Schwellen und anderen	28 „	$1^1/_3$ „
„	100	„	„	„	Blöcherbaum	40 „	1 „

Hiernach berechnete er eine Geldertragstafel und ermittelte den Wert einer regelmäßigen Altersstufenfolge von 100 Äckern zu 9858 Thalern, sowie den Wert des normalen Jahresschlages von einem Acker bei hundertjährigem Umtriebe zu 324 Thalern. Am Schlusse dieser theoretischen Erörterungen fügt er jedoch hinzu, hierzulande, wo nicht wie in Thüringen und an anderen Orten regulierte Schläge geführt würden, sondern wo man das Holz einzeln ausleuchtete, wäre ein anderer Anschlag notwendig. Da es nun bei dieser Besichtigung darauf ankam, den in nächster Zeit zu erwartenden jährlichen Ertrag zu ermitteln, so beschränkte sich der Taxator auf die Einschätzung desselben. In dieser Beziehung war auch in der ihm gegebenen Instruktion gesagt worden, daß der Durchschnitt des Verschlags der letzten 10 Jahre keinen Anhalt gebe, da seither der Wald nach den erheischenden Umständen über den Ertrag angegriffen worden sei, und verschiedene Berge zu Kohlholz abgetrieben und sehr licht gemacht worden wären.

Nachdem in der Einleitung des Protokolles gesagt worden ist, daß nicht mehr genutzt werden solle, als der Zuwachs betrüge, beginnt die Taxation der einzelnen Forstorte, deren Ertrag für jeden besonders geschätzt wurde. Auch hiervon soll das wesentlichste meist in abgekürzter Form mitgeteilt werden.

Frankenwald: Waldleithe: sehr licht, knorzichte Buchen, einzelne Ahorne. Jährlicher Ertrag 32 Klafter*) weiches Holz zu 14 gr, 20 Kl. Buchenholz zu 16 gr, 3¼ Schock Blöcherbäume zu 24 und 28 Thaler: Ertrag überhaupt 127 Gulden 9 gr.

Großer Mittelberg: wenig schlagbares Holz, viel junge Tannen, stellenweis Buchen. Die „knorzichten" Buchen sollten ausgehauen werden. Jährlicher Ertrag: 36 Klafter Buchen, 2 Schock Blöcherbäume, in Geld 85 fl 9 gr.

Oßlaer Berg: allerhand Sorten Holz, Blöcherbäume, Tannen und Fichten, junge Buchen und anderes Brennholz, einzelne Ahorne und Unterwuchs. Später heißt es: „schön aufgewachsenes junges Holz von Tannen und Fichten". „Dann verändert sich das Gewächs des Holzes, daß es geringer ist, als vorbeschriebnes, weilln hier und da stark Holz mit darunter gestanden, welches zu Kohlholz abgegeben." Zuletzt wird gesagt: „und so fort bis an Michael Käums zu Nordhalben seinen Blöcherhieb, wo eine Holzlasse den Berg hinunter gehet, in diesem langen Zug finden sich obenher sehr wenige beim Abtriebe des Kohlholzes ausgeschürte, übergebliebene Stämmlein, etwas größer und auch kleiner als Röhrenholz, wie auch sehr einzelne Ahorne, an der Leithe aber befinden sich etwas mit jungen Tannen, Fichten und Buchenholz, welches beim Kohlholz schlagen, weil es zu schwach gewesen, ausgehalten worden, es kann aber in 70—80 Jahren davon keine Nutzung gezogen werden. Jahresertrag: 52 Lachter weiches Holz, 30 Lachter Buchenholz, 4½ Schock Blöcherbäume zu 27—30 Thlr.

Hohe Tanne: An einem Orte waren die starken Scheer- und andere zu Blöcherholz untüchtige Bäume, auch wandelbare Buchen ausgezogen und zu Kohlholz geschlagen worden, hingegen diejenigen Tannen- und Fichtenstämmlein, welche dereinst zu Blöcherholz heranwachsen konnten, ingleichen die schönen Buchen „ausgeschürt" und beibehalten worden. An einem anderen Orte hatte

*) Zu vergl. Anhang, Ziffer 2.

man dem jüngeren Holze durch Aushieb von Scheerbäumen Luft gemacht, sodaß die stärksten in 10—12 Jahren zu Blöcherbäumen heranwachsen konnten. Es fanden sich auch holzleere Plätze. 23 L. weiches Brennholz, 40 L. Buchenbrennholz, 1 Schock Blöcherbäume zu 27 Thlr.

Gilßen und Herbstbach: zum Teil nur Stangenholz und dünn bestammt, im allgemeinen gab es hier viel junges Holz, etwas mittleres und wenig starkes. Der Boden wird teilweise als gut, teilweise als mittelmäßig und mager, auch als schlecht bezeichnet. Zu entnehmen war nur weiches Brennholz, ebenso wie auch in Dürrnbach.

Finkenberg: wurde durch dazwischen liegende Geräumde in vier Teile geteilt, im ersten gab es meistens Tannen und Fichten. Der Ort war stark abgeholzt und größtenteils schlecht wieder bewachsen, nur an einer Stelle war überaus schöner Unterwuchs, der den ganzen Boden bedeckte. Nach der Glashütte zu stand noch ein Saum junges Holz, sonst werden wenige kurze Stämmlein, auch knorzichte Buchen und Ahorne erwähnt.

Im dritten Teile des Finkenbergs, zwischen dem tiefen Gespring, den Grauwiesen und der hohen Straße gab es zunächst nichts als junges Dickicht. An einer anderen Stelle hatte man das starke von Jahr zu Jahr zu Kohlholz abgegeben, dagegen hatte man das schönschäftige „aufbehalten und ausgeschört". Weiterhin kam man an ein Stangenholz, welches erst in 40 Jahren zu gebrauchen, und ferner auch an einen großen lichten Fleck. Dann wird gesagt: „Dabei müssen wir unterthänigst gedenken, daß in diesem Berge wenig Plätze sein werden, da nicht überhaupt zu zweimalen Kohlholz geschlagen, mithin dasjene, so nach ersterem Holzschlage wieder herbei gewachsen, durch den Nachhieb vollends weggenommen worden, als daß der Berg licht und durchsichtig werden müssen. Der Boden des Berges ist teils gut, teils mittelmäßig und auch schlecht, wie aus obiger Beschreibung jedes Wuchses des Holzes zu ersehen ist."

Im vierten Teile des genannten Forstortes wird an einer Stelle als etwas bemerkenswertes „sonderbar langschaftiges Holz, da immer einer den anderen nachwächset", erwähnt.

Vogelberg: An der Labesleithe war vor 33 oder 34 Jahren (also 1714 oder 1713) das Holz durch einen großen Sturmwind ganz und gar darnieder gebrochen worden, sodaß 2200 Klaftern zu Kohlholz aufbereitet worden waren.

Auch im Trogen war etliche Male das hohe Holz durch Sturm darnieder gebrochen worden, so daß es haufenweise aufeinander gelegen war. „Nach diesen Windbrüchen ist allezeit der Sturm in das meist noch stehende Holz gekommen, so daß vieles davon dürre geworden und ausgestorben ist, welches eben die Hauptsache daß hin und wieder so große Flecke von erwachsenen großen Holze leer sind." Bei diesem Orte wird des durch Schafhut entstandenen Schadens gedacht, indem unzählige junge Bäumlein verbissen und die jungen Schösserlein mit dem Gras abgefressen würden.

Auf dem grauen Berg, Ebersdorfer Anteils, wollte sich wegen der starken Schaftrift nicht der geringste Anflug zeigen. Wenn noch 6—7 Jahre 66 Lachtern abgegeben würden, dann würde der Abtrieb ganz aufhören müssen.

Der jährliche Massenertrag des westlichen, Ebersdorfschen Frankenwaldes wurde veranschlagt

zu 1839 Lachtern Brennholz,
$17^3/_4$ Schock Blöcherbäumen,
3 Buchen,
$1^1/_2$ Schock Stangen,
160 Fuder Streu.

Hierbei war aber das Kohlholz für die herrschaftlichen Werke, welches 1714 auf 3—4000 Klaftern angegeben wurde, nicht mit enthalten.

Der Geldbetrag wurde zu 1858 Gulden berechnet.

Nimmt man den Inhalt eines Blöcherbaums zu 2 fm an, so wäre der Verschlag an Derbholz, ohne das Kohlholz auf etwa 8000 fm zu schätzen, mit dem Kohlholz aber auf etwa 18000 fm.

Auf dem Koselstein werden an einem Orte Tannen und gerissene Fichten erwähnt. Es wird bei dieser Gelegenheit auf die Schädlichkeit der Pechnutzung hingewiesen und vorgeschlagen dieselbe nach und nach eingehen zu lassen. Jahresertrag = 208 Lachter.

Entschieden noch schlechtere Bestockungsverhältnisse zeigte der Ebersdorfsche Saalwald, welcher in der Hauptsache aus dem früheren Lerchenhügeler Revier bestand. Da fanden sich viele von Holz ledige und beraste Plätze, schlechter junger Wuchs, geringes Stangenholz darunter einige kurze Stämmlein, nur an einigen Stellen wird besseres Holz erwähnt, so in der kalten Tanne schönes Tannenbauholz. Starkes Holz in größerer Menge scheint aber hier überhaupt nicht vorhanden gewesen zu sein. Der ganze jährliche Ertrag sollte 488 Lachter Holz, (darunter 250 L. Kohlholz) 20 Fuder Streu und 5 Zentner Pech betragen; der Massenertrag einer Waldfläche von etwa 900 ha bestand also in etwa 1500 fm.

Der Gesamtertrag der Ebersdorfschen Forste sollte nach dieser Schätzung sein:

2931 Lachter (einschließlich des hierzu umgerechneten Bauholzes);
$17^3/_4$ Schock Blöcherbäume;
3 Buchen (=Stämme);
$9^1/_2$ Schock Stangen;
306 Fuder Streu;
14 Zentner Pech.

Alles zusammen ließ eine Einnahme von 3000 Gulden erwarten. Die Besichtigung war eine ziemlich gründliche gewesen, denn sie hat 32 Tage gedauert.

Nachrichten über die Reviere Pöllwitz und Niederböhmersdorf, sowie über die anderen dort liegenden Forstparzellen liegen aus dem Jahre 1740 vor, in welchem der Forstmeister Hans Ernst von Spiegel und der Hofrentenmeister Krippendorf diese gemeinsam in Augenschein nahmen. Anlaß waren vorausgegangene, ungünstige Berichte des letztgenannten Beamten, in welchen er vom Niederböhmersdorfer Walde gesagt hatte, daß besagter Wald meistenteils mit jungem und unbrauchbarem Holze bestammt, auch der Boden mager und an vielen Orten dürre sei, weil man das Moos beständig herausgezogen. Er war gegen die Moosnutzung, schlug aber stärkere Harznutzung vor, derart, daß auch jüngere Fichten, spännig und darüber, mit 1 oder 2 Rissen das erste mal versehen werden sollten. Vom Pöllwitzer Wald erwähnt er, was jedenfalls vom Niederböhmersdorfer der besseren Absatzlage wegen in erhöhtem Maße gilt, daß seither starke Holzanweisen gehalten und viele junge Bäume mit verkauft worden seien. Das Protokoll über die genannte Besichtigung lautet mit einigen Abkürzungen wie folgt:

„Auf der Heyde ist schon vor 4 und mehr Jahren von mir, dem Hofrentmeister unterthänigste Vorstellung gethan worden, daß solche von bestamten Holtze sehr entblößet sei, auch zu dem Ende dahin angetragen worden, daß ratione der Schäfferey und des Rindviehes zu Langenwolschendorff eine Ocular-Besichtigung anzustellen veranlaßet und einige Plätze, sowohl auf der Heyde und untern Haart zu hegen verabredet worden, welche auch bis hierher von Schleitz aus wirklich geheget worden sind. Da nun besagte Hegezeit bald zu Ende gehet, auch die starken und bestammten Bäume sehr ausgeschlagen, so wäre das Scheitholz an ein- und anderem Orthe vollends heraus zu schlagen und bei dem Hochgräfl. Hause Schleitz dahin anzutragen, daß einige Plätze aufs neue wiederum geheget würden.

Auf der Haart hat es gleiche Bewandnüß wie bei der Heyde, nur daß hier wenig Feuer-Holtz vorhanden, an Bau-Holtze aber findet sich noch einiger Vorrath, welches aber Schade, daß solches denen Zeulenrodern zu Feuer-Holtze weggelassen werden solle.

Auf den Niederböhmersdorfer Walde findet sich schöner junger Anflug, nicht wenig ein ziemblicher Strich Stangen, worunter mit spaltiges Holz. Wenn nun hinkünftig darinnen eine Zeitlang gar nicht mehr um das Geld weggewiesen und diese Stangen 10 Jahre geheget würden, könnte man Schindellbäume und Bauholtz herausziehen, das übrige wäre zur Flöße mit zu gebrauchen, zumahl da solches Holz dem Triebßer Einwurf näher als das Pöllwitzer steht, mithin mit der Zeit an dem Anfuhrlohn vieles zu erspahren sey. So aber auf diesen Walde fernerhin einige Zeit nicht angewiesen werden sollte, auch das Mooßscharren bereits verbothen, wäre dem Jäger Rödelln vor das Anweißgeld und andere Accidentien, so ihme dadurch abgehen, ein Aequivalent zu reichen.

Auf dem Pöllwizer Walde stehet das Holtz, wo die Floßgehaue bey der Neuärgerniß und in Schwartzbach angeleget, sehr dünne, und zwar daher, weiln bey denen Anweisen vorher vieles verkaufft worden, dahero die Schläge sehr weit in den Wald hinein und von den Einwurff abgetrieben werden, mithin das Anfuhrlohn immer von Zeit zu Zeiten kostbarer wird, wie denn die Klaster vor 10 Jahren vor 6 gr zu haben gewesen, ietzo aber vor 8—9 gr 4 ₰ bezahlet werden müssen. Diesen nun abhelffliche maße zu machen und das hinkünfftig das Fuhr-Lohn wieder auf 1 Klaffter mit 6—7 gr auf einige Jahre zu bezahlen, so wird in Vorschlag gebracht, daß hinkünftig die Floßholz-Schläge hinter den Schwarzen Teich über der Roßhütte nach dem großen Teiche zu, über Pöllwitz auf den Ochßen- und Lerchenberg verleget würden, welches Holz in allen beßer und dichter bestammet, auch zur Anfuhre näher alß bey denen itzigen Floßgehauen zu bringen sey."

Über die Schleizer Waldungen fehlen Nachrichten, welche näheren Aufschluß über die Bestockungsverhältnisse geben, bis zum Ende des 18. Jahrhunderts. Aus Akten über Holzpreise und aus anderem ist nur zu ersehen, daß in den ersten Jahrzehnten Wind und Sturm arge Verheerungen hier anrichteten, sodaß das Holz oft jahrelang unverkauft im Walde lag. Der Verschlag war auf dem Oschitzer Walde eine Zeit lang ganz eingestellt worden.

Die in den 1790er Jahren erfolgte Taxation der Ebersdorfschen Forste unterscheidet sich wesentlich von den früheren. Während man früher durch eine allerdings nur primitive Vermessung lediglich die gesamte Fläche der Forste zu ermitteln gesucht hatte, im einzelnen sich aber damit begnügte, die einzelnen Orte nach ihrer Beschaffenheit zu beschreiben, begnügte man jetzt sich nicht damit, stellte vielmehr die Flächenanteile der einzelnen Altersklassen zusammen.

Das Wurzbacher Revier, welches 1792 der Revierförster Offeney in dieser Weise aufnahm, hatte einschließlich der Parzellen

Steinbühl, Brückenholz, Koselstein, Schlagholz und Kulm einen Gesamtflächengehalt von 2842 Acker (den Acker zu 160 sechszehnschuhigter Nürnberger Quadratruthen). Darunter befanden sich

31	Acker	„Leeden und Schläge so ohne Hoffnung, darunter auch der Schieferbruch“,
19	„	„hoffnungsvolle Schläge,“
281	„	Jungwüchse unter 20 Jahren,
89	„	10—20jährige Bestände,
106	„	30—40jährige Hölzer,
776	„	50—65jährige Hölzer,
1296	„	100—120jährige Hölzer,
56	„	Waldgeräumde.

Bei den einzelnen Orten werden mit wenigen Ausnahmen Tannen und Fichten angegeben; beim Grauen Berg heißt es „Fichten“, beim Kulm Tannen, Fichten etwas Buchen, ebenso auch beim Mittelberg und Kaltenbrunn. Der Holzvorrat der älteren Hölzer wurde zu 50—70 Lachter für den Acker eingeschätzt.

Fast überall hatten die Dörfer oder die herrschaftlichen Vorwerke Hut und Trift.

Dieselben Ermittelungen stellte 1795 auf dem Grumbacher Reviere dessen Verwalter der Revierförster Witz an. Hier fanden sich unter 2733 Ackern 1712 Acker schlagbare Hölzer von 80—90 Jahren vor, deren durchschnittlicher Holzvorrat auf 40 Lachter geschätzt wurde. Die Stärke der schlagbaren Hölzer wird zu 14—24, meist zu 16—24 Zollen angegeben. Als bestandsbildende Holzarten werden aufgeführt: Tannen, Fichten, Buchen und Ahorne, nur bei der Gülsebachsleithe, beim Waldhügel und in den Dürrnbachshölzern werden Tannen und Fichten angegeben.

Der Gesamtertrag des Grumbacher Reviers wurde auf 800 Lachter geschätzt.

Nur wenige Jahre später wurde der Pottigaer Forst (das spätere Lerchenhügeler Revier, Teil des Saalwaldes) in gleicher Weise bearbeitet. Hier befanden sich:

609	Acker	schlagbare Hölzer,
85	"	Mittelhölzer,
74	"	Stangenhölzer,
213	"	Dickungen,
175	"	neue Schläge,
364	"	Orte, welche durch den Raupenfraß verheert wurden,
49	"	Geräume,
46	"	gereinigte Hölzer."

Wir ersehen hieraus, daß unterdessen ein schweres Unglück über die reußischen Waldungen hereingebrochen war, der Nonnenfraß der Jahre 1795—1798*). Dessen gewaltige Verheerungen erstreckten sich über das ganze reußische Oberland, ausschließlich von Teilen des Frankenwaldes, auch der Pöllwitzer Wald wurde noch mit betroffen, ebenso auch die angrenzenden südöstlichen Gebietsteile, die damals teils kursächsisch, teils baireuthisch waren und jetzt zum Königreich Preußen, Sachsen und Bayern gehören. Am meisten betroffen war der Schleizer Wald. Hier hatte man nicht gezögert, die gänzlich befressenen Althölzer sofort abzutreiben. womit man, da es sich um Fichten handelte nach älteren, wie neueren Erfahrungen, das richtige traf. Dagegen schlugen die jungen Dickichte nach einem Bericht vom Jahre 1798 schön wieder aus, sodaß man nicht mehr bemerkte, daß sie abgefressen gewesen wären. Das auf dem Schleizer Walde vorhandene dürre Holz wurde am 21. August desselben Jahres auf 100000 Klaftern geschätzt, obwohl bereits in den Vorjahren mit dem Abtriebe der kahlgefressenen Bestände begonnen worden war.

In Rücksicht auf diese Verwüstungen, um einen Anhalt für die geplanten Wiederaufforstungen zu haben, wurden damals die zur Herrschaft Schleiz gehörigen Forste vermessen und mit einem Gestellnetz versehen. Die Vermessung war genau genug, um den an eine Wirtschaftskarte zu stellenden Anforderungen zu genügen.

---

*) Zu vergl. Oberförster W. H. Nitzsche, der große Nonnenfraß im Voigtlande in der Oesterreichischen Forstzeitung 1891.

Nach dem Vermessungsregister enthielt im Jahre 1798 der **Schleizer Wald**:

5304 Morgen (= 1354 ha) Holzboden,
785 „ (= 290 ha) Nichtholzboden.

Ersterer war nur auf einer Fläche von 281 ha bestanden, während 1073 ha als Blößen lagen. Die Hauptholzart der bestockten Flächen war die Fichte, nur auf 21 ha werden Fichten und Buchen, auf 10 ha Eichen und auf 9 ha Buchen genannt.

Der Nichtholzboden bestand in
138 ha Moorbrüchern,
30 ha Gestellen und Wegen,
27 ha Wiesen und
5 ha Gärten.

Auch der Köthenwald war bereits im vorhergehenden Jahre vermessen worden und enthielt nach dieser Aufnahme:

	117 Morgen	97 Quadratruthen	od.	30,01	ha	Tannen u. Fichten,
	148 „	148 „	„	38,00	„	Ellern-Weichte,
	695 „	107 „	„	177,59	„	Räumden u. Blößen,
	5 „	92 „	„	1,40	„	Gestelle u. Wege,
	47 „	116 „	„	12,17	„	Wiesen u. Hutungen;
überhaupt	1015 Morgen	20 Quadratruthen	od.	259,17	ha	Gesamtfläche.

Wir sehen hieraus, daß der Schleizer und der Köthen-Wald fast ganz dem Raupenfraß zum Opfer gefallen war. Etwas weniger war der Oschitzer Wald beschädigt worden. Hier hatten sich namentlich die Tannen erhalten. Wie wir oben sahen, war auch der Saalwald bei weitem nicht so schwer als der Schleizer Wald betroffen worden. Auf dem Frankenwald aber war die Nonne zwar auch aufgetreten, der Schaden hatte sich aber in erträglichen Grenzen gehalten.

Der Schleizer Streitwald zeigt 1797 nachstehende Bestockung:

768 Morgen Buchen,
912 „ Tannen und Fichten,
137 „ Birken,
84 „ waren Räumden und Blößen und
33 „ Gestelle und Wege.

Es sind die verschiedenen Holzarten wie auch beim Schleizer und Oschitzer Walde auf den gut erhaltenen Karten im einzelnen nachgewiesen.

Der Pöllwitzer Wald nebst dem Gehirn wurde im Jahre 1805 auf Grund der alten Vermessung von 1647 in sehr summarischer Weise abgeschätzt. Bei einer Gesamtfläche von 5742 Acker (zu 160 Quadratruten) und bei einem Umtriebe von 120 Jahren wurde der normale Jahresschlag zu 48 Acker berechnet. Nach ungefährer Schätzung waren mit „altem, ausgelichtetem, schlagbarem" Holze etwa ein Drittel, also 1914 Acker bestanden, 334 Acker betrugen die Mittelhölzer und 3494 Acker nahmen 1—35jährige Bestände ein, „so gut, aber nicht von gleichem Wuchse bestanden, weil sehr vom Wildpret verbissen worden."

Auf einem Acker wurden im Mittelholze 120 Stämme gezählt, von 7 bis etliche 20 Zoll, „wo man im Durchschnitt höchstens 40 Lachtern annehmen kann. Diese Mittelhölzer waren jedenfalls die noch nicht in Betrieb genommenen, angehend haubaren Bestände, welche der seitherigen Wirtschaft zufolge verschieden alte und starke Stämme enthielten, aber noch ziemlich voll bestockt waren. Gleichwohl wird nur ein Vorrat von höchstens 40 Lachtern für den Acker, also noch nicht von 300 fm für den Hektar angegeben. Starke Bäume zu Wellen und dergleichem Nutzholze waren wenige mehr vorhanden. Der jährliche Hiebsatz wurde zu 1920 Lachtern berechnet, während seither 3000 geschlagen werden sollten.

Dieser summarischen Arbeit folgte schon in den Jahren 1810 und 1811 eine spezielle Vermessung, Abschätzung und Ertragsregelung, die Forstmeister Moser aus Baireuth vornahm.

Die Ergebnisse derselben sind um so interessanter, als sie uns sowohl über das damalige Altersklassenverhältnis als auch über den

Anteil der bestockenden Holzarten genaue Auskunft geben. Hiernach waren auf dem Pöllwitzer und Neuärgernisser Revier (ausschließlich der später zum Weckersdorfer Verwaltungsbezirk getretenen Parzelle Haide) vorhanden:

191	Acker	Blößen und Räumden (der Acker zu 0,38 ha)
1066	„	1—20jährige Hölzer,
1566	„	21—40 „ „
1132	„	41—60 „ „
2108	„	über 60 Jahre alte Bestände.
6063	Acker	Gesamtbetrag der Holzbodenfläche.

Als Hauptholzart war vertreten auf

3373 Acker die Fichte, nämlich	528 Acker	1—20jährig,	
	1182 „	21—40 „	
	934 „	41—60 „	
	729 „	über 60 Jahre alt.	
	wie oben.		
1281 Acker die Kiefer, nämlich	525 Acker	1—20jährig,	
	384 „	21—40 „	
	198 „	41—60 „	
	174 „	über 60 Jahre alt.	
	wie oben.		

1205 Acker die Tanne, nur über 60 Jahre alte Bestände,
13 „ „ Birke, 1—20jährige Jungorte.

Sämtliche über 60 Jahre alten Bestände wurden den schlagbaren zugezählt, sie waren es auch, weil bereis in 50—60jährigen Mittelhölzern eine starke Harznutzung stattfand, deren Ertrag Moser auf 250 Zentner Pech schätzte.

Die Bestockung wird nur an wenigen Orten eine gute genannt, häufiger findet sich bemerkt „schlecht bestanden“. Der durchschnittliche Holzvorrat eines Ackers der schlagbaren Hölzer betrug 45 Klafter, das würden etwa 300 fm für den Hektar sein. Als ältestes Holz wird bei einigen wenigen Orten 100jähriges erwähnt. Die meisten Bestände waren gemischte, Fichten und Kiefern überwogen in den jüngeren, Tannen und Fichten in den älteren Orten. Die Jungorte waren ausschließlich aus natürlichem Anfluge entstanden. Die Ungleichaltrigkeit von Mittel- und schlagbaren Hölzern wird mehrmals ausdrücklich hervorgehoben. Im allgemeinen fanden sich aber große ziemlich gleichalte Bestände vor, deren größter ein 418 Acker großer Tannenbestand war. Diese Verhältnisse sind nicht blos Folge summarischer Bestandesausscheidung, denn andererseits finden sich auch Flächen von 1 Acker und darunter ausgemessen. Die Blößen und Räumden verteilten sich auf mehr als 33 meist noch ganz unbestockte Schläge; in zwei Fällen lagen solche auf einer Fläche von 54 und 17 Acker im Zusammenhange, die Größe der anderen Schläge betrug 1—12 Acker.

Auf der Parzelle Haide bei Zeulenroda fanden sich nur Kiefern als herrschende Holzart vor. Diese überwogen derart, daß andere, die zweifellos als Mischholzarten vorhanden waren, gar nicht erwähnt werden. Das Altersklassenverhältnis war hier folgendes:

8	Acker	Räumden und Blößen,	
66	"	1—20jährige	Bestände,
100	"	21—40 "	"
96	"	41—60 "	"
6	"	schlagbare Hölzer.	
277	Acker	Holzboden.	

Damit beenden wir die Wiedergabe älterer Waldbeschreibungen, auf die wir in den folgenden Abschnitten wieder zurückkommen werden.

2. Die Wirtschaft im Walde.

Die Waldwirtschaft, wie sie im siebzehnten Jahrhundert bestand und wie wir sie oben zu schildern versucht haben, währte zunächst unverändert in der ersten Hälfte des achtzehnten Jahrhunderts fort. Ein Beweis für die Beständigkeit der forstlichen Verhältnisse ist schon der Umstand, daß die Waldordnung von 1638 in der Herrschaft Lobenstein unverändert bis 1743 in Giltigkeit blieb und daß, als sie dann einer Revision unterzogen wurde, an ihr nur unbedeutende Abänderungen vorgenommen wurden.

Dasselbe gilt auch von der Ebersdorfer Waldordnung vom Jahre 1751, die inhaltlich mit der Lobensteiner übereinstimmt.

Dafür aber, daß unterdessen doch andere Anschauungen Platz gegriffen hatten, legt eine Denkschrift Zeugnis ab, welche eine Vorarbeit zur Neuherausgabe der 1638er Waldordnung für die Herrschaften Lobenstein und Ebersdorf ist. Sie ist aus Ebersdorf vom 17. März 1725 datiert und genannt: Unterthänigste und unvorgreifliche Erinnerungen bey der Gräfl. Reuß-Plauischen Waldordnung de anno 1638." In derselben heißt es beim Kapitel V „Von Anweisen":

„Weil dieses ein sehr wichtiger Punkt, bey welchem viel zu beobachten ist, da entweder das Holzanweisen zum Vortheil oder Schaden des Waldes geschehen kan, alß wäre ohne unterthänigste masgab nöthig, daß hiervon etwas umbständlicher und weitläuftiger gehandelt und folglich also eingerichtet würde:

§ 1. Ebenermaßen befehlen wir hiermit Unserem Forstmeister und Forstbedienten, daß sie jederzeit vor dem Anweisen die Wälder und Gehöltze fleißig bereiten und begehen und vermög Ihren Pflichten wohl überlegen und darauf dencken sollen, wie eigentlich das Anweisen am diensambsten und da es der Waldung und Wildbahn am wenigsten Schädlich, soviel möglichen anzustellen, das nehmbl. das Anweisen, sowohl des Brenn- alß Kohlholtzes insonderheit an orth und Enden, wo das Holtz schlagbar und am stärksten herangewachßen, geschehe, und zwar, wenn solches nicht Egal und überhaupt Schlagbar, sondern in verschiedenen Gattungen der Gewächße bestehet, nicht Schlag- noch weniger aber Platzweiße, sondern einzeln zerstreuet, und alßo, daß noch immer Holtz dazwischen stehen bleibe, wie auch das starcke allezeit vor dem Schwachen herausgezogen, damit dem übrigen und an welchen orthen etwa schon junger Unterwuchß zugegen, demselben zu bestem Fortwachß lufft gemacht werden möge, wie dann auch vor allen Dingen das weiteste vor dem Nechsten und die wandelbahren, ungeschlachten, krummen, dürre und liegende Bäume vor den frischen und stehenden angewiesen, hingegen aber dasjenige, welches zu Bau-, Blöcher-, Schindel- und ander Werkholtz zu gebrauchen, soviel möglichen ausgehalten und verschonet, mithin in bessern Nutzen nach den Spannen verkauft werden sollen.“

Hierbei werden folgende Erläuterungen gegeben: „Die Raison der Sache, warum ich das Holtz Schlagweise der Ordnung nach nicht allezeit vor gut und rathsam halte, ist diese, 1. Weiln das Gewächße in sehr vielen verschiedenen Gattungen bestehet, da immer eine größer und kleiner als die andere ist, mithin immer eine Gattung der anderen die Hand biethet und nachwächßet, und da man solches Schlag- oder Hauweise überhaupt ohne unterscheid abtreiben laßen wolte, so würden viel feinwüchßigte, schöne Stämme und junges Holtz, welches in wenigen Jahren so herbei wüchße, daß man solches zu allerlei Nutzholz gebrauchen und in höherem Preiße anwenden und zu Gelde machen könte, mit unter das Brenn- und Kohlholtz geschlagen und verderbet werden. 2. Würden die iezo lebenden Menschen nicht erleben, daß auf dem abgetriebenen Berg oder Platz der junge Anflug so herbeywachße, daß er wieder abgetrieben werden könne, mithin sich deßen Genuß keineswegs zu getröstten haben, im Gegentheil aber vielmehr desjenigen Holtzes, so in kurzer Zeit in viel höhern Interesse hätte zuwachßen können, sich selbsten berauben und verlustig machen. Und sodann 3. wann man absolut auf den ordentlichen Holtzschlag dringen wolte, würde man an denen hin und wieder untermengt zerstreut befindlichen vielen starcken schlagbahren Bäumen großen empfindlichen Schaden leyden müßen, indem Viele ehe man mit dem ordentlichen Holtzschlag an selbige käme, durch die lange Zeit endlichen abständig und dürr werden, mithin umbfallen und verfaulen würden, welches doch, da es eben in die Interesse gewachßen, ehe es von Zeiten zu Zeiten wieder abzunehmen beginnet, da und dort herausgezogen und alß ein Seegen Gottes genutzet, dargegen dann das junge stämmichte wüchßichte frische Holz desto mehr geschonet und zum Fortwachßen befördert werden könnte.

Wenn aber im gegentheil Berge vorhanden sind, in welchen das Holtz mehrentheils überein Schlagbahr und so angewachßen wäre, daß man solches ohne Bedenken abtreiben und gnädigster Herrschaft zu Nutzen machen könne, solte vorhero billig zuerst das

Bau-, Blöcher-, Schindel- und ander Werckholtz ebenermaßen heraus-gewiesen und hernachmalß Ordentliche Schläge (und zwar wo es sich thun laße, also, daß die abend- und Mitternächtige Winde nicht leicht eingreiffen und hafften können) angeleget, mithin das Brenn- und Kohlholz Schlagweiße gehauen, doch der-gestalt und also, daß dennoch nicht alles ohne unterscheid ab-gehauen und kahl gemacht werde, sondern daß man hie und da einige auserlesene, schöne Heegereißer oder Saam- und Mutter-bäume (so eigentlich das Waldrecht genannt werden) auf einem acker nach unterscheid des Orths da entweder der Erdboden gut oder schlecht wäre, 16 Stück und auch mehr Stämme stehen laße, nicht allein zu Einwerffung des Saamens, damit sich der Orth desto eher wieder befliegen könne, sondern auch, daß zu aller-hand Gebrauch Holtz, alß zum Exempel zu Hammer- und Mühl-wellen und andern mehr, immer wieder mit angezogen und der posterität beybehalten werde, mithin auch daß die noch stehenden schatten machen und der Erdboden sich nicht so sehr berasen könne, da ferner aber zu vermuthen wäre, daß der Wind die ausgeschüreten Heege-Reißer nicht würde stehen laßen, müßten solche, sobald Junger Anflug hervorgekommen und ehe demselben durch das Niederfällen Schaden geschehen könne, wieder herausgewiesen und zu beßerem Fortwachß lufft gemacht werden, wie nicht weniger auch alle Frucht tragenden Bäume vor Menschen, Wildpreth und Vögel, und des dazwischen stehenden Jungen Holtz- und Anwuchßes soviel möglich zu verschonen ist."

Weiterhin wird in demselben Gutachten zum Lobe des schlag-weisen Betriebes hervorgehoben, daß man bei demselben die Schläge besser in Hege tun könnte, daß auf denselben das Holz desto dichter in die Höhe wachse und daß auch der Wind in solchen gut bestockten Orten keinen so großen Schaden tun könne.

Wir sehen also, daß damals schon der Plänterbetrieb dem schlagweisen zu weichen begann, da hier für notwendig gehalten wird, ausführlich zu begründen, warum man denselben nicht all-gemein einführte. Übrigens enthält weder die Lobensteiner von 1743 noch die Ebersdorfer Waldordnung von 1751 diese für die Bewirt-schaftung des Waldes gegebenen ausführlichen Bestimmungen, beide sind vielmehr hauptsächlich für das Publikum berechnet. Erwähnt soll hierbei werden, daß schon 1744 das Herbstanweisen in der Herrschaft Ebersdorf abgestellt und an seine Stelle das Juni-Anweisen getreten war, da dieser Termin zur Beschaffung des Brennholzes für tauglicher gehalten wurde.

Indessen änderten sich die Verhältnisse immer weiter. Der Femelbetrieb, der auf natürliche Verjüngung begründet ist, versagte mehr und mehr; der Wald wurde immer lichter, der Boden vergraste, die Schäden der vermehrten Waldweide wurden sehr empfindlich, dabei wurden erhöhte Ansprüche an den Wald gemacht, indem der Hüttenbetrieb nach langem, durch den dreißigjährigen Kriege bewirktem Siechtum wieder auflebte und die Zunahme der Bevölkerung vergrößerte Ansprüche auf Brennholz machte.

Interessante Aufschlüsse über die damaligen Verhältnisse giebt ein Bericht des Ebersdorfer Forstamts aus dem Jahre 1784, der die Aufschrift „Etat des Forstwesen zu Ebersdorf" trägt. In demselben heißt es: „Gleichwie vormalen das denen Waldungen so höchst nachtheilige Auslichten bei hiesiger Forstbehandlung so beliebt eingeführet, ia tief eingewurzelt war, so ist dieses ietzo womöglich gänzlich abgeschaffet und verbannet. Jetzo werden ordentliche Schläge, deren mehrere, aber desto kleinere angeleget. Aus diesen wird zuvor Bau-, Schindel- und anderes Nutzholz, soviel an den Mann zu bringen ist, herausgenommen. Findet sich aber dennoch dergleichen, wann der Holzschlag solche Orte trifft, annoch darunter, so wird es um einen wohlfeilern Preiß abgelaßen, und nicht in die Lachtern geschlagen, oder das darunter befindliche Schindelholtz und Schneideklötze werden ausgehalten und dann besonders verkauft. Dießes wurde vormalen nicht beachtet." Eine Ausnahme machte die Wäldnerwirtschaft des Frankenwaldes, welche in wenig veränderter Weise fortbestand. Auch jetzt hatte jeder Wäldner noch seinen Distrikt, in dem ihm allein Holz angewiesen wurde. Doch erhielten die Wäldner nicht soviel Holz als früher, da die Blöcherbäume schockweise abgegeben wurden, vielmehr wurden sie nur noch zu 15 oder 30 Stücken verkauft. Dabei waren früher noch Bäume umsonst oder zu geringem Preise zugegeben worden; auch das war in Wegfall gekommen. Doch suchten sich die Wäldner zu helfen, indem sie sich „Umschläge“ verschafften, d. h. sie warfen einen Baum auf den anderen. Da ihnen ferner die Aufbereitung der Dürrhölzer zufiel, so lag bei günstiger Lage des Holzhandels es in ihrem Interesse, das Dürrwerden der Hölzer in ihrem Distrikt möglichst zu begünstigen. Auch sonst mögen zahlreiche Unterschleife vorgekommen sein. Da die Wäldner schwer zu bewegen waren, das ihnen zugewiesene Holz aus dem Walde zu schaffen, trotz der geringen Abgabe, so liegt der Verdacht nahe, daß sie zu anderem Holze griffen. In den Wäldnerhieben dauerte also zunächst noch die alte Femelwirtschaft fort. Bald änderte man aber auch hier den Betrieb und ging zu förmlichen Schlägen über. Die Verkaufsart wurde gleichfalls eine andere. Die Wäldner mußten die aufbereiteten Klötze und Klaftern nach der Forst-Taxe bezahlen, als Schlägerlohn erhielten sie den Abraum. In dieser Weise blieb jene eigentümliche Wirtschaft in Gebrauch bis zum Jahre 1858, in dem sie nach einer mehr als 200jährigen Dauer aufhörte. Die seitherigen Wäldner wurden Holzhauer, soweit sie sich nicht als Bauern selbständig ernähren konnten.

Die in dem „Etat des Ebersdorfer Forstwesens“ dargelegten veränderten Anschauungen kamen auch nunmehr in den Waldordnungen zum Ausdruck. So heißt es in der Lobensteiner vom Jahre 1792: „Und obgleich die auf unsern Waldungen befindliche, so ausnehmend starke und häufige Rind- und Schafviehhut, sowie das vorhin üblich gewesene Ausleuchten oder Ausjäten der Hölzer, vorderhand oftmals und an vielen Gegenden die Anlegung ordentlicher Schläge nicht so durchaus und ohne Ausnahme, als Wir es wohl wünschten, verstatten; So wollen Wir doch, daß soviel als es diese Umstände nur immer erlauben, die Abgabe aller und jeder Hölzer mittelst regulärer Schläge oder Gehaue geschehe, das so schädliche, einer guten und nachhaltigen Forst-Wirtschaft Zuwiderlaufende Ausleuchten der Waldungen aber immer mehr eingeschränkt und abgeschafft werde. Verordnen zu dem Ende dahero, daß alle Bloch- und Schindelbäume, auch Bau- und alle übrige weiche und harte Nutzhölzer, nach Maaßgabe des jährlichen Etats bloß aus jenen Gegenden nach und nach herausgezogen werden sollen, wo in der Zukunft aus einem Dunkelschlag ein Lichtschlag gemacht werden muß. Dagegen aber geschlossene, im besten Wachsthum stehende und noch nicht ausgeleuchtete Hölzer jeder Gattung ohne die äußerste Notwendigkeit schlechterdings nicht anzugreifen sind, und außer dem dürren Holze, welches die Natur an solchen Orten abzugeben pflegt, mit jeder anderen Abgabe verschont bleiben und bis zu seiner Zeit in ganz geschlossenem Stande erhalten werden sollen."

Die Einführung des schlagweisen Betriebes wäre nun an und für sich von keinem großen Erfolge gewesen, wenn man nicht aufgehört hätte, sich auf die natürliche Verjüngung allein zu verlassen, sondern auch zum Holzanbau geschritten wäre. Zum ersten Male werden 1773 Kulturmaßregeln erwähnt. Man würde allerdings irren, wenn man annehmen wollte, daß vorher in unserer Gegend der Holzanbau noch ganz und gar nicht üblich gewesen sei. In diesem Sinne schrieb auch Förster Mord in Wurzbach im Jahre 1784 auf eine Verfügung des Forstamts, den Holzanbau möglichst zu fördern, daß er in seinem Reviere schon vor 20 und 30 Jahren gesät habe. Im großen aber ist die künstliche Verjüngung sicher nicht üblich gewesen.

In dem erwähnten Jahre 1773, einem reichlichen Samenjahr, ordnete also Heinrich XXIV. für die Herrschaft Ebersdorf das Sammeln von Holzsamen an unter Zuhilfenahme von Waldfrevlern, die ihre Strafe nicht bezahlen konnten. Auch die Holzhauer und Wäldner sollten angewiesen werden, soviel als möglich Fichtenzapfen abzusondern und auf Haufen liegen zu lassen. 1781 berichtet Forstsekretär Keyßler in Ebersdorf, daß in den Waldungen zwar reichlicher Unterwuchs vorhanden sei, betont dabei aber die Notwendigkeit Holz zu säen und zu pflanzen.

Seit dem Anfang der 1780er Jahre scheint dann auch die Ansaat der Holzschläge in größerem Umfange vorgenommen worden zu sein, denn 1783 werden bereits die Jäger Wolf in Hirschberg und Morchold in Pottiga gelobt, daß sie ihren Fleiß und gute Applikation mit Sammeln und Aussäen des Holzsamens bezeiget hatten, und in dem oben angeführten Bericht über den

„Etat des Ebersdorfer Forstwesens“ heißt es, daß man die Verjüngung nicht mehr der gütigen Natur und einem blinden Ohngefähr überließe, sondern daß man auf den künstlichen Anbau und Besäung der entblößten Schläge bestens bedacht sei.

Ebenso wurde auch 1781 in der Herrschaft Schleiz Sammeln von Samen und Besäen der Schläge angeordnet, wobei Sonnendarren anstelle der Ofendarren zum Ausklengeln des Samens empfohlen wurden.

In gleicher Weise enthalten die damals erlassenen Forstordnungen Vorschriften über den Anbau der Holzschläge. Bemerkenswert ist aus der Schleizer vom Jahre 1787, daß die Ansaat der damals noch reichlich vorhandenen Sümpfe mittels Erlen, die für die Röhrenleitungen so notwendig seien, angeordnet wurde. Darin wurde ferner Anpflanzung harter Holzarten, an welchen Mangel wäre, an Wegen, Vorhölzen und anderen schicklichen Orten befohlen. Dagegen wurde dergleichen Pflanzung mitten im Walde anzulegen für zweckwidrig befunden, weil solche Plätze weit vorteilhafter mit der für den Boden und das Klima angemesseneren schwarzen Holzart angebaut würden.

Der Einführung der Holzsaaten ging jedenfalls die Vornahme von Bodenbearbeitungen zur Erleichterung der natürlichen Verjüngung*) voraus. Noch 1794 wurde auf Grumbacher Revier ein mit Überhältern versehener Schlag zu diesem Zwecke vollständig umgehackt. Außerdem wurde der über 9 Acker große Schlag mit einer Rasenmauer umgeben. Das kostete zusammen über 145 Taler. Da nun aber die Besamung trotzdem nicht vollständig erfolgte, so kam der Förster Unger auf die originelle Idee, den Schlag mit zapfentragenden Fichtengiebeln zu bestecken, und so auf künstliche Weise eine Naturbestockung herbeizuführen. Diese eigentümliche Kulturmethode scheint von ihm längere Zeit und nicht ohne Erfolg angewendet zu sein. 1798 berichtet derselbe von 10 besäten und von selbst angeflogenen Schlägen. 9 Schläge seien vergrast und

*) Solche werden schon 1724 bei einer Besichtigung der benachbarten Obergreizer Waldungen erwähnt. Sie bestanden in Entfernung der Heidelbeerdecke und hatten guten Erfolg gehabt.

müßten besät oder mit samentragenden Giebeln besteckt werden. Die Größe dieser Schläge war sehr verschieden, 3 bis 14 Acker.

Da man nun auf Sammeln von Holzsamen viel Wert legte, so wurde im allgemeinen genug Samen vorrätig gehalten, um die Schläge besäen zu können. Freilich gehörte dazu viel, denn man verwendete wie überall auch hier zu große Samenmengen. Der genannte Förster Unger hält $^2/_3$ Scheffel auf einen Acker für genügend. Die hierdurch entstehenden dichten Saaten gaben wohl Veranlassung daraus Pflanzen zu entnehmen*) und Schläge oder wenigstens zunächst leere Plätze durch Pflanzung anzubauen. Dabei ist auffallend, daß im Gegensatz zur Saat für die Pflanzung nur eine geringe Menge angegeben wird. Förster Macholdt in Ebersdorf rechnet auf einen Acker 4 Achtel Samen oder 1500 Pflanzen. Die Pflanzung macht jedoch bald Fortschritte. Schon 1798 heißt es in einer Verfügung der gräflichen Kammerkommission zu Ebersdorf, nachdem gemahnt worden war, mit dem Anbau rasch vorzugehen: An den Orten aber, wo die Saat zu beschwerlich und kostbar ist, sind gute Anpflanzungsanstalten zu treffen.

Die folgende Zeit der napoleonischen Kriege war der Entwickelung des Kulturwesens nicht günstig. Infolgedessen wurde 1820 über den Kulturzustand der Ebersdorfer Reviere recht ungünstig berichtet. Dabei war der Verschlag damals ein hoher gewesen. Es wurden beispielsweise vom Grumbacher und Wurzbacher Revier 1794—1805 942 Acker abgetrieben, was einem etwa 72jährigem Umtriebe entspricht. Davon lagen die meisten Schläge 1820 noch wüst und nur die wenig besäten befanden sich in einem guten Zustande. Bald aber wurde wieder mehr Sorgfalt auf das Kulturwesen gelegt. Die aus den 1820er Jahren vorhandenen Kulturrevisionstabellen legen Zeugnis davon ab, daß damals die Schläge gleich nach dem Abtriebe wieder aufgeforstet wurden; auch geschah dies damals schon zu einem guten Teile

*) So erfolgten auch anderwärts die ersten Pflanzungen. Zu vergl. Fischbach, Eine forstliche Studienreise vor hundert Jahren, Forstwissenschaftliches Zentralblatt, 1895 Seite 75.

durch Pflanzung, die in den 1830er Jahren das Übergewicht gewann und von da ab die Saat immer mehr verdrängte.

Eine große Aufgabe war die Wiederaufforstung der Nonnenblößen in dem Schleizer und Saalwalde. Dieselbe wurde zwar zunächst energisch gefördert; bald aber müssen auch hier Stockungen eingetreten sein, denn erst gegen 1830 ist die Aufforstung derselben im Schleizer Walde beendet.

Bevorzugte Holzart bei allen Aufforstungen war von Anfang an und blieb die Fichte. Aber auch die Kiefer wurde häufig angebaut, wegen ihrer Raschwüchsigkeit und ihrer Eigenschaft, selbst auf trockenen Böden zu gedeihen. Es geschah dies oft im Gemenge mit der Fichte; so berichtet 1798 der Revierförster Wolf in Hirschberg, daß 3 Tagewerke ohne große Kosten mit 3 Achtel guten Fichten und 1 Achtel Kiefernsamen besät worden seien. Ähnliche Mischsaaten sind nach den Bestandesverhältnissen zu schließen auf Weckersdorfer, Pöllwitzer und Ernseer Revier in größerer Ausdehnung gemacht worden. Die Tanne wurde zwar gegen Ende des 18. Jahrhunders auch angesät, doch machte man bald die Erfahrung, daß Freisaaten nicht gut gediehen, und schon 1798 riet der Förster Machold von Tannensaaten ab.

Außer den einheimischen Nadelhölzern werden in der erwähnten Verfügung der Kammerkommission vom gleichen Jahre Weimutskiefern und Lärchen*) zum Anbau empfohlen. Daneben sollten aber auch die einheimischen Laubhölzer nicht vernachlässigt werden, und jeder Förster sollte einen gewissen Distrikt Eichen, Buchen, Ahorne, Rüstern und Birken haben und zwar nach dem Verhältnis der Größe des Reviers, den örtlichen Bodenverhältnissen und dem Bedürfnisse der Umgebung.

Wiederholen wir in kurzem die Entwickelung der Waldwirtschaft seit Beginn des achtzehnten Jahrhunderts: zunächst Fortdauer der Femelwirtschaft, die unter den obliegenden Verhältnissen zu zunehmender Auslichtung des Waldes führte; sodann allmählicher Übergang zum schlagweisen Betriebe in Form sehr licht gestellter

*) 1797 sind am Kühnberge (Königsberge) bei Schleiz Saaten von Lärchen und Weymutskiefern ausgeführt worden.

Besamungsschläge oder in Form von Kahlschlägen mit Überhältern; Beginn der Kulturtätigkeit mittels Bodenvorbereitung; später Ansaat der Schläge, Ende des 18. Jahrhunderts Beginn der Pflanzung. Gleichzeitig Übergang zur reinen Kahlschlagswirtschaft.

Nicht nur hier, auch beim Verschlage und beim Verkauf des Holzes ging man zu einem intensiveren Betrieb über. Noch im Anfang des 18. Jahrhunderts scheint das verschwenderische Zerschroten des Holzes mittels des Beils üblich gewesen zu sein, denn ein Floßkontrakt von 1725 enthält die Bestimmung, daß nur gesägte Ware geliefert werden solle, und auch die Ebersdorfer Forstordnung vom Jahre 1751 schreibt noch vor, daß man das Lachterholz nicht mit der Axt hauen oder schroten, sondern mit der Säge zerschneiden solle. Während im Anfange des Jahrhunderts es allgemein üblich war, daß die Holzkäufer das Holz auf dem Stamm annahmen, finden wir es Ende desselben fast allgemein durchgeführt, daß nur aufbereitete Ware verkauft wurde. Infolgedessen erhielt der Wald einen ständigen Holzhauerstand und die Holzaufbereitung wurde dabei gleichmäßig und sorgfältig. Es durften nicht mehr solch hohe Stöcke wie früher stehen bleiben, vielmehr sollten diese nicht höher als $^3/_4$ Ellen sein. Auch begann man Ende des Jahrhunderts, als die Nachfrage nach Holz immer mehr stieg, die Stöcke zu roden.

Nur die Handfröner befleißigten sich erklärlicher Weise bei der Holzfällung und Aufbereitung keiner besonderen Sorgfalt.

Gleichzeitig machte sich beim Holzverkaufe das Intensiverwerden des Betriebes geltend, aber noch 1784 erfolgte der Verkauf des Nutzholzes im Ebersdorfschen nach dem Augenmaße, nicht nach der Spannkette, der Vorgängerin der jetzt gebräuchlichen Kluppe.

Für die Verwertung des Holzes war nach wie vor die **Flößerei** von großer Bedeutung, denn auch im 18. Jahrhundert blieben die Reußen mit der sächsischen Floßkommun in ständiger Geschäftsverbindung. Was die Elsterflößerei betrifft, so handelte es sich bei der Holzausfuhr aus dem Niederböhmersdorfer und Pöllwitzer Walde, wie schon in den letzten Jahrzehnten des 17. Jahrhunderts, hauptsächlich um Versorgung der Stadt Gera mit Brennholz. Hier wurden bis zum Beginn des siebenjährigen

Krieges im Durchschnitt etwa 1000 Klaftern ausgesetzt. Es ging aber auch Holz weiter nach Sachsen. So hatte 1739 eine große Wasserflut das Floßholz über die Flur von Pohlitz und Köstritz und anderen Ortschaften geführt und großen Schaden angerichtet. Der siebenjährige Krieg brachte einige Stockung in das Floßgeschäft; nach demselben, 1764, wurde aber wiederum ein Floßkontrakt mit Sachsen geschlossen, der unverändert bis 1792 weiter bestand. Aber auch nach diesem wurde noch geflößt. 1796 verfügte Heinrich XXX., daß Floßholz auf den oberen Wäldern geschlagen werde. Erst 1825 hörte die Flößerei auf der Triebes ganz auf.

Auch auf der Saale währte der Floßholzhandel wie früher fort. Im Jahre 1705 wurden 2284 Klaftern Windbruchholz vom Streitwalde an den sächsischen Floßmeister zu Jena verhandelt und jede Klafter, einschließlich der dreingegebenen, mit 9 Groschen auf dem Stocke bezahlt. Beim Hauen und Aufbereiten, welches mit 4 gr für die Klafter bezahlt wurde, waren Leute aus Liebschütz, Meßbach, Remptendorf, Weißbach, Thimmendorf, Friesa, Lothra, Greiz (?), hauptsächlich aber Thimmendorfer tätig. 1719 wurden wiederum aus dem Streitwalde 1000 Klaftern für 12 gr Stammgeld und 1 gr Anweisgeld verkauft. Im nächsten Jahre wird um 6000 Klaftern aus den Saalburger Wäldern gehandelt, die binnen zwei bis drei Jahren geliefert werden sollten. Der Klafterpreis sollte 1 Taler zu 24 Groschen betragen, wovon 4 gr auf das Hauer- und Anfuhrlohn gerechnet wurden, während 15 gr das Stammgeld und 1 gr das Anweisgeld betragen sollte. Ob dieser Vertrag wirklich abgeschlossen wurde, ist nicht unzweifelhaft, denn der bevollmächtigte Beamte berichtet, wenn einige noch unerledigte Punkte nicht genehmigt würden, werde er mit den Werken des Hochofens abschließen. 1721 wurden 8000 Klaftern aus den Saalburger Wäldern verkauft, wovon je die Hälfte Kursachsen einerseits, Sachsen-Weimar und Sachsen-Eisenach andererseits bekommen sollte. Das Holz war „binnen drei Flößen" zu liefern. Der Preis war der von 1719. Gotha-Altenburg, welches auch bei der Floßgemeinschaft war, beteiligte sich bei diesem Holzkaufe nicht mit, weil es selbst mit ungeheuren Holzvorräten versehen war, auch schon anderwärts Holz erhandelt hatte. 1738 wurden wieder 8000 Klaftern an die sächsische Floßkommune verkauft, die Klafter einschließlich aller Unkosten zu 1 Taler 10 Groschen. Als solche wurden bei den Verhandlungen aufgezählt: 5 gr Schlägerlohn, 5 gr Anfuhrlohn, 2 gr wegen des Einwerfens, 1 gr wegen Räumung der Bäche, 1 gr wegen Besserung der Wege zur Anfuhr, 1 gr wegen des Nachtreibens, 1 gr Anweisgeld. Als Stammgeld blieben also 18 gr übrig. Auf diesen Vertrag hin wurden in den Jahren 1738—1740 9472 Klaftern Floßholz geschlagen und abgepostet. Auch später finden noch Verhandlungen über Verkauf von Brennholz statt. Aber der siebenjährige Krieg unterbrach hier gleichfalls diese Geschäftsverbindung und erst 1765 findet sich wieder ein Vertrag der Herrschaft Gera mit Kursachsen über Lieferung von 2200 Klaftern. Die Klafter mußte mit 2 Talern 16 gr bezahlt werden, wovon 1 Taler auf Anfuhre und Hauen gerechnet wurde. Von der ausbedungenen Holzmasse wurden sofort 1306 Klaftern geschlagen; die übrigen 1100 Klaftern aber erst 1770, wobei wir bemerken, daß auch bei den Verträgen des 18. Jahrhunderts 10 Klaftern auf hundert dreingegeben werden mußten. Damit scheint längere Zeit die Scheitholzflöße auf der Saale aufgehört zu haben. Denn es finden sich in den nächsten Jahrzehnten nur Verhandlungen über die Gestattung des Durchflößens aus den damals sächsischen Exklaven bei Blankenberg durch reußisches Gebiet. Erst die Verheerungen der Nonne auf den Schleizer und den angrenzenden Waldungen war Veranlassung, daß wiederum Holz in größerer Menge auf der Saale vertriftet wurde. Nachdem bereits 1796 aus der Herrschaft Saalburg 3000 Klaftern zu 2 Tlr. (einschließlich der Anfuhre und des Einwerfens) an das sächsische Floßamt verkauft worden waren, wurde 1799 auch von Schleizer Seite zunächst auf 3—4000 Kl. abgeschlossen. Noch in demselben Jahre kam aber ein größerer Vertrag zustande, nach dem jährlich 10 bis 12 000 Klaftern 6—8 Jahre lang zu liefern waren, und zwar die Klafter zu 2 Tlr. 6 gr frei ins Wasser. Demgemäß wurden 1799—1808 aus dem Schleizer und Oschitzer Walde etwa 128 000 Kl. einschließlich der Waldeingabe, die für 100 Kl. zehn betrug, geliefert. Bedenkt man, daß außerdem noch Holz verkauft wurde, soviel man eben verkaufen konnte, daß man Nutzhölzer für den herrschaftlichen Gebrauch aushielt und aufstapelte, daß man gleichzeitig kohlen ließ und daß ein Waldbrand etwa 1700 Klaftern aufbereiteter Scheithölzer wieder vernichtete, so kann man die Größe der Kalamität begreifen.

Da nun der an der Südseite des Schleizer und Oschitzer Waldes hinfließende Wetterabach seit langer Zeit, wohl seit dem dreißigjährigen Kriege nicht mehr zur Flößerei benutzt worden war, so mußte derselbe erst wieder als Floßweg hergerichtet werden. Um aber die Anfuhre noch mehr zu erleichtern, wurde in dem Sperneregrund, der sich im südöstlichen Teile des Schleizer Waldes, an dem alten Mielesdorfer Waldhause beginnend, nach der Wettera hinzieht, ein Floßgraben angelegt. Hier fanden sich, wie auch an vielen anderen Orten der Wälder in älterer Zeit, ausgedehnte Versumpfungen, von denen jetzt nur noch der Name des Forstorts Großeweichte sowie die kleinen Torflager auf den Sperneremiesen Zeugnis ablegen.

Behufs Beschaffung einer genügenden Wassermenge wurden nun nicht nur Floßteiche neu angelegt, sondern auch andere in der Nähe der Wettera dazu gepachtet.

Nach dem Gesagten ist es begreiflich, daß die Unkosten der Flößerei sehr hohe waren. Sie betrugen allein in den fünf Jahren 1799—1813 71403 Taler. Damals sollen 239 Männer als Flößer und 12 Floßboten hierbei beschäftigt gewesen sein.

Wir haben gesehen, daß die Brennholzflößerei auf der Saale Ende des 18. Jahrhunderts nachzulassen begann. Ursache hiervon war, daß schon damals die Steinkohle dem Holz ernste Konkurrenz machte. 1797 schreibt ein Salineninspektor auf ein Angebot von Brennholz von seiten der reußischen Forstverwaltung, daß die sächsischen Salzbergwerke nur eine geringe Menge Holz verbrauchten, da die Feuerwerksbedürfnisse größtenteils durch Bergkohlen bestritten würden. Zu gleicher Zeit fing man wieder an, Nutzholz auf diesem Fluß in gebundenen Flößen dem mittleren und unteren Laufe zuzuführen, ein Unternehmen, welches für den Holzabsatz unserer Gegend während des neunzehnten Jahrhunderts von großer Bedeutung geworden und geblieben ist.

Im Jahre 1795 fragte zuerst der Saalfelder Neumüller nach dem Preise der Spanne Nutzholz und noch in demselben Jahre unternahmen es zwei Neundorfer, die **Nutzholzflößerei** in Gang zu bringen. Dieselbe wird als eine „ganz neu errichtet werden sollende" bezeichnet! Die beiden Unternehmer, Amtsschulze Schmidt und Johann Köcher, kauften den Zoll des Durchmessers zu 8—16 Pfennig, je nach Beschaffenheit des Holzes und der Abfuhre. Auf diese Weise wurden zuerst 1/2 Schock Baustämme und fünfzehn Blöcherbäume abgesetzt. Später kauften die Genannten noch 15 geringe Baustämme und 16 Blöcherstämme zu 41 Meißner Gulden 17 gr.

Der Versuch, durch die Nutzholzflößerei ständige Handelsverbindung nach der unteren Saalgegend anzuknüpfen, gelang vollständig, trotz aller Hindernisse, die die angrenzenden Hammerwerkbesitzer dem Unternehmen in den Weg stellten. Denn schon 1797 meldeten sich Händler aus Leutenberg, Hockerode, Eichicht, Kaulsdorf und Fischersdorf. Diese boten für einen einspännigen Baum 6 Groschen, für einen 2spännigen 13—14, für einen dreispännigen 21 gr. Andere Angebote folgten bald und mag hier nur noch erwähnt werden, daß 1799 das Holz zu einem Hauptbau in Schulpforta durch einen besonderen Vertrag mit Sachsen aus den reußischen Forsten geliefert wurde. Hierbei wurden folgende Preise für 28ellige Stämme gezahlt: 1 Stamm, 15 Zoll am Gipfel stark, kostete 6 Tlr. 16 Groschen, ein zwölfzölliger 4 Tlr. 8 gr, ein 10zölliger 3 Tlr. 16 gr, ein 8zölliger 3 Tlr., ein 6zölliger 1 Tlr. 16 gr, ein 4—5zölliger 1 Tlr. 4 gr. Die Flößerei besorgte die Ebersdorfer Forstverwaltung auf ihre Kosten, was ihr einen ganz bedeutenden Aufwand an Mühe und Arbeit eintrug.

Wie mehrfach erwähnt wurde, diente die Flößerei nicht nur dazu, das Holz vom Walde nach den Verbrauchsorten zu führen, sie ersetzte auch zum Teil die Waldwege, indem kleinere Bäche benutzt wurden, um das Holz an den Hauptfloßweg heranzuführen.

Immerhin fing man Ende des 18. Jahrhunderts an, den Wald durch Wegebauten aufzuschließen. So wurden 1796 zwei Wege am Ebersdorfer Muckenberge und am Ebersdorfer Holz gebaut, weil die genannten Forstorte noch gut bestammt waren, das Holz aber wegen der Unzugänglichkeit der Orte nicht anders herausgeschafft werden konnte, als daß bereits bestehende Wege neu vorgerichtet und andere neu angelegt wurden. Auch bei Zubringung der Nonnenfraßhölzer vom Schleizer Wald an die Floßbäche wurden Schalholzwege gebaut und hierfür die für damalige Zeit nicht unbeträchtliche Summe von 165 Talern ausgegeben.

Wichtig für den Holzabsatz, wenn auch nicht von solcher Bedeutung wie die Nutzholzflößerei auf der Saale, war die in den Jahren 1810—1814 erfolgte Anlage von Schneidemühlen auf dem Frankenwalde. In dieser Zeit entstanden folgende Mühlen: Die Schneidemühle unterhalb des Floßteichs an den Langensteinswiesen (bei Jägersruh), die Wundersche Schneidemühle am Grumbach, die Hoffmannsche am Rosenbaumbach, die Meyersche an der Rodach unterhalb Titschendorfs. Die erst genannte gründete ein Konsortium Titschendorfer Wäldner, die anderen die aufgeführten Privatleute.

Betrachten wir weiter die noch übrigen Arten der Verwertung des Holzes in anderer Form, so haben wir zunächst der Köhlerei zu gedenken. Diese mußte während und nach dem dreißigjährigen Kriege mit dem Bergbau und Hüttenbetrieb zurückgehen und ging erst mit diesem wieder in die Höhe. Dann war lange Zeit in den Wäldern an der Saale und auf dem Frankenwalde der Köhler eine vom Walde unzertrennliche Person. Auch im Unterlande wurden zu Ende des 17. und im Anfange des 18. Jahrhunderts Versuche gemacht, die Ausbeutung der vorhandenen Erze ins Werk zu setzen, freilich ohne dauernden Erfolg. Das bedeutendste Unternehmen war die Trebnitzer Gewerkschaft*), die 1701 den schon vor dem großen Kriege bestehenden Kupferbergbau wieder zu beleben suchte. Wegen des in der Nähe spärlich vorhandenen Holzes kaufte sie auf dem Pöllwitzer Walde im Jahre 1702 für 300 Tlr. Holz und bekam im nächsten Jahre 575 Klaftern geliefert, die im Walde verkohlt wurden. Das Fehlen reichlicher und naher Holzvorräte war sicher die Hauptursache, daß der unterländische Bergbau nicht zur Entwicklung kam und nach wenigen Jahrzehnten erlosch. Auch der Langenbucher Schmied bekam übrigens zu gleicher Zeit hinter

*) Brückner, Landes- und Volkskunde. S. 249.

dem Pöllwitzer Teiche 111 Klaftern Buchenholz zum Verkohlen überwiesen. Günstiger entwickelte sich der Hüttenbetrieb im Oberlande und erhielt sich hier bis in die zweite Hälfte des 19. Jahrhunderts, bis die moderne Entwickelung der Eisenindustrie einen Hochofen nach dem andern zum Erlöschen brachte. Wie bedeutend die Köhlerei zu Ende des 18. Jahrhunderts war, zeigen die Holzverkaufsregister, wo jährlich Hunderte von Fudern Meilerstreu aufgeführt werden.

Die Entwicklung des Holzabsatzes macht es begreiflich, daß die Glasindustrie des Frankenwaldes keine dauernde Stätte fand. Allerdings finden wir zunächst in der zweiten Hälfte des 17. und im Anfange des 18. Jahrhunderts eine vermehrte Nachfrage nach Holzasche. Denn die Grumbacher Glasmeister bewarben sich 1669 um die Erlaubnis, auf dem Schleizer Streitwalde Asche brennen zu dürfen. Aber auch von anderer Seite war damals die die Pottasche liefernde Holzasche eine gesuchte Ware. 1702 kam der Faktor der kurfürstlichen Blaufarbkompanie zu Schneeberg von Leutenberg herreisend durch den Streitwald und, da er wahrnahm, daß „in solchen waldt vortreffliche alte Bäume darniedergelegen und fast ganz verfaulet, auch viel große Stöcke zum Ausfaulen dort stünden", so machte er den Vorschlag, daß ihm bloß das liegende Holz und die alten Stöcke zum Aschebrennen und Flußsieden überlassen werden sollten. Er getraute sich zum wenigsten für 300 bis 400 Zentner Fluß und in den folgenden Jahren noch einmal soviel aufzubringen. Darüber fanden mehrere Verhandlungen statt, doch scheint aus dem Geschäfte nichts geworden zu sein, denn im folgenden Jahre 1703 wurde einem Christian Amerlein zu Remptendorf das Recht Asche zu brennen und Fluß- oder Pottasche-Sieden auf dem Frankenwalde eingeräumt. Dabei wurden ihm „vergönnet, die stehenden dürren Bäume, die Stümpfe, davon die Gipfel abgebrochen, die Rinden abgefallen und zum Theil unten und inwendig hohl und recht faul waren. Aber derer, mit allen Ästen noch ganz grünen Bäume, ob sie gleich unten was hohl und eine Faulung zwischen den Wurzeln hatten, sollte er sich umb Verhütung Feuerschadens nicht anmaßen, noch einige Kohlen daran legen, sondern dieselben unangegriffen stehen lassen." Für jeden Zentner Pottasche mußte er 1 Tlr. 3 gr abgeben; demzufolge lieferte er 1703—1705 im ganzen 87 Tlr. 14 gr an die Schleizer Herrschaft ab.

Bald freilich mußte die Ausbeute so gering werden, daß sie sich nicht mehr lohnte*).

Aus diesem Grunde mag die Glasindustrie auf dem Frankenwalde wieder eingegangen sein. Das Holz wurde im 18. Jahrhundert zu teuer, als daß die Verwendung als Asche gelohnt hätte.

Große Bedeutung behielt das Pechsieden bis in die neuere Zeit. Es bildete eine bedeutende Einnahme für die herrschaftlichen Waldungen. Als Beispiel für die Ausdehnung dieser Nutzung soll nur erwähnt werden, daß im Jahre 1715 allein auf dem Pöllwitzer Walde über 226 Zentner Pech ausgesotten wurden. Freilich erkannte man schon frühzeitig die Schädlichkeit des Harzscharrens; deswegen gab man wenigstens immer wieder die Vorschrift, daß keine jungen Bäume angerissen und daß nur einige Risse an jedem Baume angebracht werden sollten. Da aber der Wald in älterer Zeit eben vorzugsweise zur Lieferung von Brennholz vorhanden war, so konnte unter solcher Voraussetzung von dem Aufgeben einer solchen beträchtlichen Einnahme keine Rede sein. Erst als die Nachfrage nach Nutzholz bedeutender wurde und den Brennholzverkauf überwog, mußte die Schädlichkeit des Harzens augenscheinlich werden. Aber so ausgedehnt war dasselbe betrieben worden, daß gegenwärtig immer noch einige Jahre vergehen werden, bis die geharzten Bestände der Art verfallen sein werden.

Früher und augenscheinlicher zeigte sich der Schaden, den das Moos- und Streuscharren den Holzbeständen tat. Bereits 1740 hatte man dasselbe auf dem Niederböhmersdorfer Walde verboten, wodurch es freilich nicht auf immer abgestellt war. Im Jahre 1775 schrieb ein Forstmeister von Brandenstein ein Memorandum wider das Moosscharren und Streuschneideln. In dem-

*) Noch im 19. Jahrhundert hatte das Pottaschesieden große Bedeutung für Waldungen mit mangelndem Holzabsatz. 1809 wurden in der Herrschaft Herzogtum Gottschee in Krain von 16000 ha Wald 257 Gulden aus Holz und 10909 Gulden für Pottasche erlöst! (Forstwissenschaftliches Zentralblatt 1899 Seite 118 u. 119.)

selben heißt es: „Es ist gewissermaßen unverantwortlich und so zu sagen ein Raub, den man an den Forsten durch das Moos-Scharren begehet und zwar zweyer Ursachen wegen. 1. Wir benehmen dadurch der Waldung die einzige Nahrung und Düngung, die sie sich noch dazu selbst verschafft, denn die abgefallenen Tangeln oder Laub machen durch ihre Fäulniß den an und vor sich schlechten Boden gut und bringen ein recht gutes Erdreich hervor. Man darf sich daher nicht beschweren, wenn das Holz nicht zu seiner gehörigen Größe und Stärke kommt, weil ihm seine ohnentbehrliche Nahrung genommen. 2. Da das Moos die Decke der Wurzel ist, die vor die allzustarke Sonnenhitze schützet, gleich einem Schwamm alle Feuchtigkeit von Thau und Regen an sich ziehet und denen unter sich liegenden Wurtzeln mittheilet, so ist die natürliche Folge, wenn diese Decke von den Wurtzeln weggekratzt wird, besonders bey Fichten, deren Wurtzeln ohnehin nur ganz flach auf dem oberen Theil des Erdbodens hinlauffen, daß nicht allein viele von diesen zarten Wurtzeln zerrissen, sondern die meisten ganz bloß gemacht, der ihnen schädlichen Sonnenhitze ausgesetzet und der Feuchtigkeit, die ihnen das Moos mittheilte, gänzlich beraubt werden.“ Es sei daher kein Wunder, wenn in solchen Waldungen, besonders in jungen Orten ganze Distrikte trocken würden. Dem Holze würde zehnmal mehr Schaden zugefügt als die Streunutzung einbrächte.

In einer Randbemerkung erkannte der Graf die Richtigkeit dieser Ausführungen an, sagte aber, daß die Leute das Moos wegen Mangel an Stroh nicht wohl entbehren könnten.

Wie sehr sich die Verhältnisse mit der Fortentwickelung der Landwirtschaft ändern, dafür mag als Beispiel aufgeführt werden, daß gegenwärtig die Waldstreu kaum absetzbar ist. Man hat vor mehreren Jahren den Versuch gemacht, den bei den Kulturvorbereitungen durch das Abziehen von Streifen gewonnenen Rohhumus, ein vortreffliches Einstreumaterial, abzusetzen, aber man mußte hiervon wegen allzu geringer Nachfrage bald absehen.

Trotzdem nun die Streunutzung auf allen Revieren eine mehr oder weniger ausgedehnte war, kann man nicht sagen, daß durch dieselbe die Ertragsfähigkeit des Waldbodens im großen und ganzen wesentlich vermindert worden sei. Es ist dies sicher zum Teil eine

Folge davon, daß man schon frühzeitig Maßregeln ergriff, um dem Walde die nützliche Streudecke zu erhalten. Anderseits vertrug aber auch der kräftige Waldboden eine solche Nutzung und sammelte bald wieder die ihm förderliche Humus-Bedeckung und -Beimengung. Nur an ärmeren Orten ist das Jahrhunderte lang fortgesetzte Moos- und Streuscharren verderblich gewesen, beispielsweise in den bei Triebes gelegenen Teilen des Niederböhmersdorfer Waldes, welche schon im 17. Jahrhundert als der Streu vollständig beraubt erwähnt werden, sodann in den nach Raitschau und Erbengrün grenzenden Orten des Pöllwitzer Waldes; an solchen Orten hat sich der an und für sich ärmere Waldboden trotz der bereits mehr als vier Jahrzehnte fortgesetzten gänzlichen Schonung noch nicht wieder erholen können. Als Beispiel in entgegengesetztem Sinne mag aber noch hier Platz finden, daß die an das frühere Vorwerk Neuärgerniß anstoßenden Waldteile, wo seit der 1727 erfolgten Gründung des Ortes sicher fortdauernde Streunutzung stattfand, in ihrer Ertragsfähigkeit nicht wesentlich zurückgebracht wurden, was sich aus dem dortigen kräftigen, tiefgründigen Lehmboden genügend erklärt.

Wir schließen hiermit die Darstellung des Zustandes des Waldes und seiner Bewirtschaftung, die vom Ende des sechszehnten bis zum Anfange des neunzehnten Jahrhunderts reicht und genügend im stande ist, uns mancherlei Aufklärung über die Veränderung des Zustandes unserer Wälder zu geben.

IV. Die Veränderungen der Waldbestockung von alter Zeit bis zur Gegenwart.

Wenn uns die verschiedenen Waldbeschreibungen und andere ergänzende Nachrichten ein Bild von den Wandlungen geben, die der Wald im Laufe der Zeiten durchgemacht hat, so können wir aber auch diese uns aus der Art und Weise, wie derselbe zunächst ausgenutzt und später bewirtschaftet wurde, recht wohl erklären.

Zu Beginn des siebzehnten Jahrhunderts sehen wir den Wald hiesiger Gegend in voller Abnutzung begriffen.

Wir wissen, daß vom 9. Jahrhundert ab deutsche Einwanderer das thüringisch-fränkische Bergland unter Verdrängung der ansässigen Sorben, die hauptsächlich die breiteren Flußtäler und ebneren Gegenden besetzt hielten, zu kolonisieren begannen. Von Süden, Norden und Westen her drangen die Kolonisten bis zur Höhe des Gebirges vor. Auf der Höhe des Frankenwaldes werden wir in unserer Heimat beim Beginn der uns vorliegenden schriftlichen Überlieferungen noch die ursprünglichsten Verhältnisse vorfinden. Freilich hatte auch hier zu jener Zeit der Wald schon lange aufgehört, Urwald zu sein, obwohl die Dörfer Titschendorf und Grumbach damals, wie wir erfuhren, noch nicht bestanden. Es kamen zwar die Bewohner der angrenzenden Ortschaften, wenn sie ihr Brennholz holten, nicht bis in die entlegeneren Teile des Frankenwaldes. Doch taten das die Köhler der Hammerwerke und solche, die bestimmter Nutzholzstücke bedurften, wie z. B. die Wurzbacher Tellermacher sich das Ahornholz dort verschafften. Auch Pottaschesieder mögen schon in ältester Zeit hingekommen sein. Denn die Pottaschebereitung war von jeher eine Einnahmequelle unaufgeschlossener Waldungen.

Tatsächlich war aber noch am Ende des sechszehnten Jahrhunderts der Frankenwald holzreich nnd erst die Flößerei und der Aufschwung des Bergbaus veranlaßten zusammen mit der in der ersten Hälfte des siebzehnten Jahrhunderts erfolgten Anlegung der zwei genannten Ortschaften eine stärkere Abnutzung.

Ganz anders sah es in den tiefer gelegenen Landesteilen, in der Schleizer und Geraer Gegend aus. Die Lektüre alter Waldbeschreibungen wird denjenigen, welcher glaubt, daß überhaupt die Wälder in alter Zeit holzreicher gewesen seien, eines besseren belehren. Nur unzugängliche Waldteile in geringer Ausdehnung machten auch in diesem schon länger und ziemlich stark besiedelten Gegenden eine Ausnahme, während die den Niederlassungen nahegelegenen, wie mehrfach erwähnt worden ist, stark ausgelichtet waren.

Wir müssen uns demnach bei Beurteilung dieser Verhältnisse die Tatsache vor Augen halten, daß schon bei Beginn des hier behandelten Zeitraumes der Wald allerorts im Laufe von Jahrhunderten mehrmaligen durch Menschenhand erfolgten Abholzungen ausgesetzt gewesen ist. Es ist daher wahrscheinlich, daß hierdurch der ursprüngliche Charakter desselben größtenteils gründlich geändert wurde.

Zu Ende des 16. und Anfang des 17. Jahrhunderts finden wir den Plänterwald als die allgemein herrschende Bestandsform. Das war eine notwendige Folge der damaligen Wirtschaftsweise, welche, nur auf natürliche Verjüngung sich stützend oder auch um Verjüngung sich wenig bekümmernd, das Holz nicht durch förmliche Schläge an einem mehr oder weniger beschränkten Orte, sondern durch Einzelentnahme in allen zugänglichen Waldteilen entnahm. War nun die Abnutzung eine mäßige, so blieb das Altholz vorherrschend und der Plänterwald hatte einen geschlossenen Charakter; war sie stärker, so entstanden lichte Waldbilder, wie dies schon vor Mitte des 17. Jahrhunderts von der der Stadt Schleiz zugewandten Hälfte des Schleizer Waldes geschildert wird. Das für den Plänterwald charakteristische Durcheinanderstehen der verschiedensten Altersstufen als Einzelbäume oder in kleinen Beständen dürfen wir jedoch nicht als ausnahmslos ansehen. Schon bevor die zunehmende Besiedelung zu gründlichen Abholzungen führte, haben sicher von Zeit zu Zeit Stürme, die das gewöhnliche Maß überstiegen, den Wald flächenweise zu Boden geworfen und so Anlaß zur Entstehung gleichmäßigerer Bestände gegeben. Dabei ist wohl zu berücksichtigen, daß der Sturm in älteren Zeiten von verderblicherer Wirkung gewesen ist, da eben altes und schadhaftes Holz ihm leichter zur Beute wird als jüngeres, gesundes. Am stärksten wurden die Windbruchschäden, wenn zunehmende Abholzung den Wald gelockert hatte, sodaß dem Winde der Eingang unverwehrt freistand.

In ähnlicher Weise wirkte das Feuer, wenn es sich über die beabsichtigte Rodung hinaus zu einem Waldbrand verbreitete.

Im allgemeinen aber sehen wir am Ende des 16. Jahrhunderts einen mehr oder weniger dunklen Plänterwald; ersteren oben auf der Höhe des Frankenwaldes oder sonst an entlegenen Orten, den lichteren in der Nähe der Ortschaften und der damals freilich noch ungepflegten Straßen. Dabei müssen wir jedoch berücksichtigen, daß die Begriffe über die Fülle der Bestockung sich im Laufe der Jahrhunderte sehr geändert haben. Damals, als vollbestockte Orte im heutigen Sinne wenig vorhanden waren, als es weder beabsichtigt noch erwünscht wurde, daß jeder kleinste Ort des Waldes mit Holz dicht bestanden war, mußte man in dieser Beziehung sehr viel geringere Ansprüche machen. Wenn also in den alten Waldbeschreibungen von gut bestandenen Orten gesprochen wird, so dürfen wir noch nicht an einen Vollbestand im heutigen Sinne denken.

Eine rasche Änderung brachte das Aufblühen des von den Regenten des Landes in jeder Weise begünstigten Bergbaues und der Beginn der Flößerei. Freilich wurde der Bergbau auch schon von altersher in dem erzreichen Lande betrieben; doch gewann er erst in der zweiten Hälfte des sechszehnten Jahrhunderts größere Ausdehnung. Die Folgen mußte der Wald an seinem Leibe spüren. Denn die Köhler der Hammerwerke wirtschafteten ganz anders in ihm, als die Leute, welche Brenn- und Nutzholz sich erholten. An bequem gelegene Kohlstätten brachten sie das Holz zusammen und kohlten hier, so lange noch Holz in der Nähe zu beschaffen war. So entstanden größere, von Holz fast ganz entblößte Flächen, die schon erwähnten Kohlhaue. Da wo der Bergbau am meisten blühte, an dem von Hüttenwerken umgebenen Saalwald, trat denn am ehesten eine starke Abholzung zu Tage und schon am Ende des 17. Jahrhunderts finden wir diesen Wald des alten Holzes fast gänzlich beraubt.

In ähnlicher Weise, aber noch rascher, entstanden die Floßholzschläge. Wenn wir von den ganz bedeutenden Massen hören, die zu Anfang des 17. Jahrhunderts auf der Saale und Elster verflößt wurden, so ist es ohne weiteres einleuchtend, daß der Verschlag sovieler Tausende von Klaftern die in der Nähe des Floßwassers gewonnen werden mußten, ausgedehnte Abholzungen zur Folge hatte, die das Bild des Waldes vollständig änderten. Wir haben allerdings schon früher bemerkt, daß all diese Schläge nicht so gründlich geräumt waren, wie wir es jetzt zu sehen gewöhnt sind. Immerhin sind doch damals im Walde zuerst schlecht bestockte, auch von Nachwuchs entblößte Flächen in größerer Ausdehnung entstanden, welche früher nicht vorhanden waren. Denn vorher, als überall noch ein mehr oder weniger lichter Altholzbestand vorhanden war, der dem vollen Lichte ausgesetzt reichlichen Samen erzeugte, ging die natürliche Verjüngung gut von statten; sie konnte aber nicht mehr den bedeutenden und gründlicheren Abholzungen der Floß- und Kohlholzschläge folgen, welche nach Abräumung fast allen Altholzes hauptsächlich eine seitliche Besamung verlangten.

Zu der früher gelingenden Selbstverjüngung des Waldes hatte sicher die Waldweide nicht wenig beigetragen. Obwohl das Vieh durch Tritt und Verbiß manchen Schaden anrichtete, so bereitete es auch wieder den Boden für die Besamung vor. Da der alte Plänterwald bei reichlichem Gras- und Krautwuchse viel vom weidenden Vieh begehrtes Laubholzbuschwerk enthielt, so konnte der Wald eine große Menge ernähren, ohne wesentlichen Schaden zu spüren. Anders wurde das, als mit der zunehmenden Auslichtung des Waldes der natürliche Nachwuchs spärlicher wurde, als das Laubholz schwand und auf länger bloß liegenden Flächen geringere, vom Vieh weniger begehrte Gräser anstelle der süßen Gräser der früheren Vegetation traten. Daher legte man später, im 18. Jahrhundert, den unerfreulichen Zustand des Waldes vielfach der Waldweide zur Last, und gleichzeitig beginnen zu Anfang des genannten Jahrhunderts die ersten Klagen über Wildverbiß auf dem Pöllwitzer Walde.

Unverkennbar ist, daß bis weit in das 18. Jahrhundert hinein der Waldzustand eine zunehmende Verschlechterung erfuhr. Die Abnutzung war eben stärker als der Zuwachs*), sodaß die Holzvorräte trotz einiger zum Schutz des Waldes angeordneter Maßregeln immer mehr schwinden mußten. Zunächst freilich hatte im 17. Jahrhundert der Handel und Wandel störende große Krieg der weiteren, starken Abnutzung des Waldes ein Ende gemacht. Aber, als Deutschland sich von den verderblichen Wirkungen jener schlimmen Zeiten zu erholen begann, machten die zunehmende Bevölkerung und das Wiederaufleben des Bergbaues zu Ende des 17. und zu Beginn des 18. Jahrhunderts bald wieder erhöhte Ansprüche, die der Wald auf die Dauer nur schwer befriedigen konnte. Dabei müssen wir bedenken, daß der Wald älterer Zeit nie die Holzmassen erzeugen konnte wie der Kulturwald der Jetztzeit, obwohl der Zuwachs der jungen und alten Bäume im lichten Plänterwalde ein großer gewesen sein muß. Auch war es für eine größere Massenerzeugung günstig, daß man die Bäume im allgemeinen ein nicht sehr hohes Abtriebsalter erreichen ließ. Denn zu jener Zeit war Lieferung von Brennholz die Hauptaufgabe des Waldes und schon der Mangel an Holz**)

*) Hierfür noch ein Beispiel. 1696 wurde auf dem etwa 1500 ha großen Schleizer Walde über 3000 und im folgenden über 4000 Klaftern geschlagen, ungerechnet die für die herrschaftliche Hofhaltung abgegebenen 500—600 Klaftern und das den Ortschaften baumweis abgelassene Holz, also jährlich über 10 000 fm Derbholz, das sind für den ha etwa 7 fm Derbholz.

**) Zu den oben gegebenen Beispielen sei hier noch eines hinzugefügt. In der zweiten Hälfte des 17. Jahrhunderts bekamen die Schleizer Bürger nicht mehr ihren vollen Bedarf Brennholz aus dem Schleizer Walde; vielmehr mußten sie sich einen Teil des ihnen benötigten Holzes aus dem 12—15 km entfernten Schleizer Streitwalde holen, bei den damaligen Wegen und den vorliegenden Geländeverhältnissen eine außerordentlich ungünstige Zufuhr.

zwang dazu, auch schwächere Bäume mit zu fällen. Deswegen wird auch immer mehr über Mangel an starkem Holze geklagt, namentlich an solchem, welches sich durch Astreinheit und Spaltigkeit zur Schindelfabrikation eignete. Hierbei ist aber nicht außer Acht zu lassen, daß damals unter starkem Holze etwas anderes verstanden wurde als jetzt. Buschholz wird in den alten Waldbeschreibungen genannt, was nur kopfesdick und junges Holz, was nur einer Wasserkannen dick wäre. Doch bleibt es sehr bemerkenswert, daß 1698 im Oschitzer Walde nach der Railaer Seite zu Tannen von $1\frac{1}{2}$—2 Klaftern ausdrückliche Erwähnung fanden. Denn Bäume von $3\frac{3}{4}$—5 Festmetern wird man nicht in einem Walde besonders hervorheben, der reich an starkem, über 100jährigem Holze ist.

An unzugänglichen Orten konnte man dagegen noch Bäume sehen, die freilich mehr das Auge des Landschaftsmalers als das des Forstmannes entzückt hätten. So wird von dem Streitwalde bei Lückenmühle gesagt, daß 6 und 8klaftrige Bäume darinnen vorkämen und das Bild von ihnen wird durch die Bemerkung charakterisiert, daß die Hirten in ihnen Feuer anzündeten und dadurch Schaden anrichteten. Solche Bäume und andere, knorrige Fichten oder Tannen, deren unterste Äste dem Boden auflagen, ästige Buchen, die sich weit im Umkreise herum ausbreiteten, kurz Bäume, die das Dasein ihrer Unbrauchbarkeit verdankten, dürfen wir nicht vergessen, wenn wir uns ein Bild des Waldes in älterer Zeit machen wollen. Dabei dürfen auch nicht fehlen alte, hohl gewordene, aufrecht stehende Stümpfe*), die längst abgestorben sind, an solchen Orten, wo die Aschebrenner nicht hingekommen sind, ebensowenig liegende, fast gänzlich verfaulte Stämme, die vom Sturme geworfen den Holz annehmenden Leuten zu gering erschienen. Am unerfreulichsten aber würde dem heutigen Forstmanne das Herumliegen der Afterschläge, d. h. des Reisigs und

*) Außer den auf natürliche Weise, infolge Sturmes abgebrochenen Stümpfen blieben aber auch oft sehr hohe Stöcke stehen, zwei und mehr Ellen hoch, so daß schon in der ersten Hälfte des 18. Jahrhunderts die Forstordnungen nur eine bestimmte Stockhöhe zuließen. Ende des 18. Jahrhunderts zwang der Holzmangel zur Rodung der Stöcke.

Giebelholzes erscheinen, die schon damals als der Verjüngung des Waldes und der Wildbahn schädlich bezeichnet wurden und auf deren Wegbringung man durch Verordnungen bedacht war.

Trotzdem also der Wald im 17. und 18. Jahrhundert im großen und ganzen nicht aus sehr altem Holze bestand, mußte doch der Mangel an Fürsorge für die Wiederverjüngung und an jeder Bestandspflege eine geringere Massenerzeugung zur Folge haben. Neben den infolge Ausbleibens der natürlichen Verjüngung entstandenen holzleeren Stellen fanden sich noch als charakteristische Bilder im alten Walde ausgedehnte Versumpfungen, auf denen nur ein ganz lückiger Holzbestand ein kümmerliches Dasein fristen konnte. Begünstigt wurden diese Bildungen durch das Liegenbleiben sovieler Holz- und Streumassen und durch das namentlich an feuchten Orten erfolgende Umstürzen morscher Bäume, wodurch die Wasserläufe in wenig geneigten Einsenkungen gestaut wurden. Als Überreste solcher Sümpfe finden wir heute teilweise ziemlich mächtige Moorlager, so im Krötensee auf dem Frankenwald, auf der Wasserscheide zwischen der thüringischen und fränkischen Moschwitz, im Kirchbach bei Wurzbach und an anderen Orten. Hier, an den erwähnten beiden Orten, konnte trotz der schon seit lange erfolgten Entwässerungen nur eine lückige Bestockung begründet werden. Die meisten aber sind fruchtbar gemacht worden und gut wachsender Fichtenwald findet sich da, wo früher Wasser- und Sumpfgeflügel willkommenen Aufenthalt fand und der Hirsch zur Suhle zog. Wir haben schon oben einige zahlenmäßige Nachweise gegeben, daß im Schleizer Walde beim Beginn des 19. Jahrhunderts von 1554 ha noch 138, im Köthenwalde von 259 ha 38 Erlen-Brücher war. Weitere Auskunft geben die Namen der Forstorte*). So wiederholt sich gerade bei Schleiz das Wort „Weichte" in mehrfacher Zusammensetzung. Übrigens fing man schon frühzeitig an, diese Versumpfungen nach erfolgter Entwässerung aufzuforsten. Des-

*) Auf Sumpf deutet der in der Kämmereiforst bei Tanna gelegene Ort „Bier und Wein", wie das Volk sich den slavischen Namen „Pyrava" mundgerecht gemacht hat. Derselbe Stamm erscheint in „Bierabach" Weidmannsheiler Reviers).

wegen finden wir die nicht einheimische Weißerle (Alnus incana) oben auf der Höhe des Frankenwaldes schon in älteren Beständen.

Zunächst aber gaben die Sümpfe den Ansiedlern willkommene Plätze zur Grasgewinnung, da hier eine mehr oder weniger lichte Laubholzbestockung*) Graswuchs hervorrief. Durch diese, die Wasserläufe begleitenden Geräumde wurde der Wald in isolierte oder wenigstens nach einigen Seiten bestimmt abgegrenzte „Berge oder Örter" zerlegt, wie es in den alten Waldbeschreibungen heißt. Erst spät, im 19. Jahrhundert, beginnt mit dem Intensiverwerden der Landwirtschaft und gleichzeitig mit der Entvölkerung des flachen Landes die Wiederaufforstung dieser Geräumde, ein Prozeß, der noch gegenwärtig stetig fortschreitet. Auch in dieser Beziehung ist also die Waldbestockung in neuerer Zeit eine sehr viel dichtere geworden.

Wir haben schon früher gesehen, wie die zunehmende Verschlechterung des Zustandes der Reviere zu einer gründlichen Veränderung des Betriebes führte. Mit dem Aufgeben des Plänterbetriebes und dem allmählichen Übergange zur schlagweisen Wirtschaft, eine Entwickelung, die mit der Einführung des Kahlschlagbetriebes schloß, änderte sich gründlich das Bild des Waldes und näherte sich dem Bilde des jetzigen Kulturwaldes, dessen unschöne Regelmäßigkeit und Einförmigkeit durch ein gradliniges Schneisennetz noch mehr hervorgehoben wird.

Wenn sich schon die Bestandsform vollständig veränderte, so ist der Wechsel der Holzarten im Laufe der Zeiten geradezu ein überraschender. Wie in der Einleitung kurz dargelegt worden ist, befinden wir uns in einem Gebiete, in welchem die Fichte bei weitem vorherrscht. Erst von 500 m Meereshöhe abwärts tritt auch die Kiefer meist in Vermischung mit Fichten auf größeren Flächen bestandbildend auf; sie ist, wie wir erfuhren, vielfach an-

*) Auf eine derartige Bestockung weist auch der Name des Seligenstädter Grundes bei Rodacherbrunn hin, der auf das Vorkommen der Salweide zurückzuführen ist. (Günther, die Bedeutung der Ortsnamen in den „Pädagogischen Abhandlungen". III. Band 2 Heft). Das Auffinden von Haselnüssen im Kirchbachsumpfe beweist gleichfalls dasselbe. Denn sowohl Salweide als Haselnuß gedeihen nur an lichten Orten und meiden den dunkeln Nadelholzwald.

gebaut worden. Tannen finden sich nur hie und da, Laubhölzer haben wir wenig bestandsweise, am meisten oben auf der Höhe des Frankenwaldes und unten, in und an der Elsteraue.

Die Lektüre der im zweiten Abschnitt zum Teil wörtlich wiedergegebenen Waldbeschreibungen führt uns die Tatsache vors Auge, daß zu Anfang des 17. Jahrhunderts wenigstens in den noch nicht zu stark abgenutzten Waldungen und Waldteilen entschieden die Tanne vorherrschende Holzart war, während Fichten und Buchen an zweiter und dritter Stelle vertreten waren*).

Die Verschiedenheit der Waldbestockung, je nachdem die Bestände von dem Holz verbrauchenden Orte entfernt und je nachdem sie leicht oder schwer erreichbar sind, ist außerordentlich charakteristisch. Schon damals waren, abgesehen vom Unterlande, die Laubhölzer, insbesondere Buchen, vorzugsweise auf der Höhe des Frankenwaldes anzutreffen, dort, wo die Tätigkeit des Menschen noch am wenigsten die natürliche Entwickelung der Vegetation gestört hatte. Je mehr wir uns den dieser Einwirkung mehr ausgesetzten Orten nach den Außenseiten hin nähern, desto mehr ändert sich das Waldbild und wird gleich dem, wie wir es in schon länger stark genutzten Revieren antreffen. Diese Veränderungen bestehen hauptsächlich in dem Überhandnehmen der Fichten bei gleichzeitigem Verdrängtwerden der Tannen, Buchen und anderer Laubhölzer. Betrachten wir beispielsweise den Grauen Berg bei Wurzbach, wo das Brennholz für die Lobensteiner, später auch für die Ebersdorfer Hofhaltung geschlagen wurde. Während bei der Waldbeschreibung von 1618 bei fast allen Orten an erster Stelle die Tanne aufgeführt wird, heißt es bei diesem Berge schon damals „Fichten und Tannen"; 1714 bestand das meiste in dickem jungen Holze; 1747 will sich wegen

*) Bestätigt wird dies weiter durch die alten Waldzinsregister, in welchen vorwiegend Tannen aufgezählt werden. Auch ist beweisend, daß der 1594er Teilungsvertrag an erster Stelle Tannen aufführt und sowohl Fichten wie Buchen damals höher im Preise standen. An dieser Stelle ist darauf hinzuweisen, daß in hiesiger Gegend Tanne (Abies pectinata) von Fichte (Picea excelsa) und Kiefer (Pinus silvestris) auch im Volksmunde von altersher genau unterschieden wird.

der Schaftrift nicht der geringste Anflug zeigen; 1820 werden nur Fichten erwähnt und heute finden sich diese auch im ältesten Holz hier ohne wesentliche Beimengung. Im Gegensatz hierzu mag als Beispiel der abgelegenen Forstorte der Oßlaer Berg, südlich von Grumbach nach der bairischen Grenze zu am Rosenbaumbach gelegen, (jetzt der große und kleine Brand) aufgeführt werden. Hier gab es 1618 meistenteils Buchen, aber auch schöne Tannen und nebenbei werden noch Ahorne erwähnt; 1698 wird von Buchen und Ahornen mit untermengtem Blöcherholz (also Nadelholz!) gesprochen; 1714 war der Ort mit Buchen und schwarzem (d. i. Nadel-) Holze ziemlich gut bestammt, wobei auch alte Scheerbäume und Ahorne genannt werden; 1747 gab es allerhand Sorten Holz, Blöcherbäume, Tannen, Fichten, Buchen und anderes Brennholz, einzelne Ahorne und Unterwuchs. Heute herrscht auch hier die Fichte, doch treten noch Buchen und Tannen bestandbildend auf und ihre häufige Beimengung ebensowie auch das Vorkommen von Ahornen gibt dem Walde einen anderen Charakter.

Die Ursachen der Erscheinung, daß aus einem gemischten Walde von Tannen, Buchen, Fichten, zu denen sich der Bergahorn gesellte, ein nahezu reiner Fichtenwald geworden ist, sind zum großen Teile klar und deutlich. Am eingreifendsten wirkte die Tätigkeit des Menschen. Hierbei ist zunächst festzustellen, daß die Buche als Brenn- und Kohlholz von den drei Hauptholzarten die gesuchtere war*). Hierdurch kam die Buche der Tanne gegenüber in Nachteil, obwohl ihr natürliches Verhalten dem der letzteren nahe steht. So wird 1618 bei dem Forstort „Hohe Tanne“ ausdrücklich erwähnt, daß dort hauptsächlich Tannen vorhanden wären, weil die Buchen vor einigen Jahren weggekohlt worden wären. Auch beim Äschebrennen ist sie sicher wegen ihres hohen Gehalts an Pottasche

*) Bereits Mitte des 16. Jahrhunderts setzte Burggraf Heinrich IV. von Meißen den Preis für 1 Klafter Buchenholz (5 gr) um 2 gr höher fest als den für Tannenholz (3 gr) (Burggraf Heinrich IV. von Meißen v. Dr. B. Schmidt, Gera 1888, S. 227). Im Teilungsvertrage von 1594 wird die Klafter Buchenholz um ½—1 gr höher bewertet als Nadelholz und im 17. Jahrhundert kostete die Klafter hartes Brennholz gleichfalls 2 gr mehr als weiches Holz.

bevorzugt worden*). Als Werkholz wurde sie gleichfalls sehr geschätzt, doch fällt dieser Verbrauch umsoweniger hier ins Gewicht, als zu Bauholz vorzugsweise Nadelholz verwendet wurde. Im allgemeinen erscheint es also nicht zweifelhaft, daß die Buche einer stärkeren Abnutzung ausgesetzt gewesen ist, die ihre stete Verminderung zur Folge haben mußte.

Wenn auch der Buche ihre Gebrauchsfähigkeit schädlich sein mußte, darf es uns doch nicht Wunder nehmen, daß sie sich im Walde noch lange hielt und trotz anderer ungünstig wirkenden Ursachen noch gegenwärtig in bemerkenswerter Weise vertreten ist. Denn ihre natürlichen Eigenschaften in Bezug auf Fortpflanzung und Wachstum ließen sie den Kampf mit der Tanne, die im alten Walde ihre Hauptkonkurrentin war, zunächst erfolgreich bestehen. Beiden gewähren die vorliegenden Standörtlichkeiten fast überall gutes Fortkommen. Wenn die Buche auch nicht so oft Samen trägt als die Tanne, so bringt sie doch in den seltneren Samenjahren einen überaus reichlichen jungen Nachwuchs hervor, der dem der Tanne im Höchenwachstum überlegen ist. Wir sehen dies beispielsweise im Schwarzwald, wo ohne Läuterungshiebe die Tanne sich nicht in gewünschter Menge in den gemischt bestockten Besamungsschlägen halten würde. Dazu kommt, daß die Buche mehr als die Tanne Verbiß des Viehes und Wildes, sowie andere Beschädigungen erträgt und ausheilt; auch ihre, obwohl nicht große Fähigkeit, aus dem Stocke auszuschlagen, bleibt zu erwähnen. In dieser Beziehung erwähnt es der mehrerwähnte Bericht des Herrn von Waldenfels als unerwünschte Tatsache, daß, wenn die Afterschläge den jungen Anflug nicht aufkommen ließen, alsdann nichts als Laubholz aufwüchse. Er meint hierbei sicher den stehen gebliebenen Laubholzunterwuchs, den die Fällungen nicht vernichten konnten und der nunmehr im vollen Lichte sich ausbreitend jungen Nadelholzanflug erstickte. Alle diese Eigenschaften ließen die Buche den gegen sie geführten Vernichtungskampf überstehen, wenn sie es auch nicht vermochten, ihr viel von ihrem ehemaligen Verbreitungs-

*) 1000 Teile Fichtenholz geben 0,45 Teile, Buchenholz aber 1,45 Teile Pottasche.

gebiete zu erhalten. Denn als mit der zunehmenden Auslichtung des Waldes der Boden vergraste und verunkrautete, auch infolge gründlicher Streuentnahme verarmte, da konnte die in der Jugend schattenliebende, einen nahrstoffreichen Boden fordernde Buche die durch fortdauernde Abnutzung entstehenden Lücken nicht mehr ergänzen; sie machte raschwüchsigeren, anspruchsloseren Lichtholzarten Platz, unter denen die Fichte den ersten Platz behauptete.

Doch ging der Umwandlungsprozeß immerhin nicht eben sehr rasch vor sich. Bald scheint die Buche aus dem wegen der Nähe der Stadt Schleiz schon seit Jahrhunderten stark abgeholzten Schleizer Walde*) als Hauptholzart oder als eine an der Waldbestockung wesentlichen Anteil nehmende Mischholzart verschwunden zu sein. Zwar finden wir in der ersten Hälfte des 18. Jahrhunderts noch zahlreiche Buchen in den Waldzinsregistern, aber schon im 17. Jahrhundert holte sich der Schmied von Langenbuch seinen Bedarf an buchenen Kohlen aus dem Pöllwitzer Walde hinter dem großen Teiche. In diesem hat sich die Buche bis vor wenigen Jahren in in einem größeren Bestandszusammenhange erhalten. Eher hat sie den Niederböhmersdorfer Wald verlassen und nur der Name Buchhügel legt dort von ihrer ehemaligen Verbreitung Zeugnis ab. Diese war noch im Anfang des 18. Jahrhunderts eine beträchtliche, denn gegen 1710 erwähnt der Förster Steudel in Niederböhmersdorf als Forstfrevel, daß die Zeulenrodaer Bucheckern einsammelten.

Die vollständige Einführung des Kahlschlagbetriebs vollendete das gänzliche Unterliegen der Buche. Hierbei ist nicht zu übersehen, daß man bereits frühzeitig erkannte, daß sie mit den einheimischen Nadelhölzern in der Massen- und Werterzeugung nicht konkurrieren konnte, wie aus den Vorschriften der Schleizer Forstordnung vom Jahre 1787 deutlich hervorgeht**).

*) Der Ort Schleiz wird bereits 1232 erwähnt und hatte damals bereits Stadtrechte (Dr. J. Alberti, Geschichte des deutschen Hauses. S. 45 u. 46). Dem deutschen Orden war 1303 das Holznutzungsrecht in allen Wäldern um Schleiz verliehen worden (das. Seite 64). Der Orden hatte selbst über der Wettera „etlich Gelängen Holz und hierherwärts vorm Walde viel junges Holz!" Kirchenvisitationsakten vom Jahr 1533 u. 1535 (das. S. 75).

**) S. oben Seite 118.

Die letztbehandelten Tatsachen, die zunehmende Auslichtung des Waldes, die damit zusammenhängende Verarmung und Verwilderung des Bodens, endlich die Einführung des Kahlschlagbetriebes mußte auch der Tanne verderblich werden, der zunächst die Tätigkeit der die Buche vorziehenden Bewohner zum entschiedenen Übergewicht verholfen hatte. Wir wiederholen hier, daß sie tatsächlich zu Beginn des 17. Jahrhunderts die Hauptholzart unserer Gegend war. Ihre Eigenschaft, oft Samen zu tragen, die Fähigkeit des jungen Tannenanwuchses, lange Zeit in starker Beschattung aushalten zu können und dann bei gegebener Belichtung sich kräftig zu entwickeln, halfen ihr, sich auf Kosten der Buche immer Raum zu verschaffen. Sie hielt sich auch viel länger als diese in ausgedehnten Beständen. Nach den Waldzinsregistern des Schleizer Waldes muß man unbedingt annehmen, daß noch Ende des 17. und Anfang des 18. Jahrhunderts mehr Tannen als Fichten hier vorhanden waren und noch zur Zeit des großen Nonnenfraßes Ende des 18. Jahrhunderts gab es viele Tannen, von denen berichtet wird, daß sie sich wieder begrünt hätten. Noch länger hat sie sich im Pöllwitzer Walde gehalten. Wie wir aus den Abschätzungsakten zahlenmäßig erfahren haben*), waren noch im ersten Jahrzehnt des 19. Jahrhunderts der größte Teil der dortigen Althölzer Tannenbestände.

Selbst wenn uns urkundliche Belege fehlten, könnten wir doch die frühere allgemeine Verbreitung der Tanne daraus folgern, daß sie überall dort vorkommt, wo der ihr feindliche Kahlschlagbetrieb sie nicht gewaltsam verdrängt hat. So finden wir sie in den steilen, plänterwaldartigen Saalhängen, wo von einer Wirtschaft nur wenig die Rede sein kann, auch in sehr alten Bäumen, meist als jüngeren Nachwuchs in den im Vorverjüngungsbetriebe bewirtschafteten Orten. Sehr beweisend ist ferner in dieser Hinsicht, daß sie in den Bauernhölzern, die viel länger plänterweise behandelt wurden, fast überall anzutreffen ist, selbst auf den infolge unpfleglicher Behandlung verarmten Standorten findet man sie noch als Unterwuchs.

*) S. oben S. 110.

Als die Waldungen immer lichter wurden, konnte die Tanne bald nicht mehr der Fichte die Herrschaft streitig machen, obwohl sie von der Natur in mancher Beziehung mehr begünstigt ist als diese. Denn Sturm, Schnee und Insekten schädigen die Fichte viel mehr als die Tanne und vorübergehend, wie in dem zweiten Jahrzehnt des 17. Jahrhunderts, als auf weiten Flächen des östlichen Frankenwaldes und in den an der Saale gelegenen Waldungen die Fichten fast ganz verdorrt waren, konnte dies der Tanne in gemischten Beständen wieder zur Alleinherrschaft verhelfen. Doch nur vorübergehend. Denn mit ihrem raschen Jugendwachstum, ihrer zwar seltneren aber dann oft überaus reichlichen Samenerzeugung konnte es die Tanne nicht aufnehmen, wenn genügende Belichtung das Fortkommen der Fichte gewährleistete. Auch ist diese mit ihren spitzen Nadeln viel besser gegen den Verbiß des Viehes und des Wildes bewehrt als Tanne und Buche, ein Umstand, der sicher bei ihrer Verbreitung und bei der Verdrängung jener beiden Holzarten viel mitgewirkt hat.

Als man nun beim Ausgang des 18. Jahrhunderts in größerem Maße mit dem Holzanbau vorging, versuchte man wohl auch zuerst, die Tanne nachzuerziehen. So säte Förster Mord in Wurzbach 1784 zehn Kannen Tannensamen mit aus, in Rücksicht darauf, daß, wie er schrieb „auf dem ganzen Frankenwald allerorten melirtes Holz wachsen thut.“ Bald aber mußte man erkennen, daß Tannensaaten auf den meist stark vergrasten Schlägen nicht gedeihen konnten und es riet deswegen 1798 Förster Macholdt in Pottiga davon ab, weil „dieser Samen viel Schatten haben wolle“. Auf diese Weise verhalfen Kahlschlagbetrieb in Verbindung mit künstlichem Anbau der Fichte rasch zur unbestrittenen Herrschaft.

Gleichzeitig gelangte aber auch infolge ihrer leichten Anbaufähigkeit die Kiefer zu großer Verbreitung, sodaß sie gegenwärtig im Walde die zweite Stelle einnimmt. Zunächst muß hier festgestellt werden, daß in den mittleren Lagen von 500 m abwärts die Kiefer als einheimischer Baum schon von alters her zu finden gewesen ist, während ihre geringe Widerstandsfähigkeit gegen Schnee und Eisanhang, auch ihr Licht und Wärmebedürfnis, das sie in den mittleren Lagen die südlichen Expositionen aufsuchen läßt, sie vom Aufsteigen in höhere Lagen zurückhielt. In den mittleren und tieferen Lagen hatte sie sich aber, bevor man daran dachte, sie anzubauen, schon stark vermehrt und verbreitet. Es ist das aus ihrem natürlichen Verhalten und aus der mehrfach dargestellten Behandlung und dem hierdurch hervorgerufenen Zustande des Waldes leicht zu erklären. Im dunkeln Plänterwald brauchten die edlen Geschlechter der Tanne und Buche den neuen Proletarier nicht zu fürchten. Als aber der Wald lichter, der Boden ärmer wurde, kamen alle Eigenschaften, die die Kiefer zu starker Verbreitung befähigten, zur vollen Geltung. Ihre reichliche Samenerzeugung, die große Flugfähigkeit ihres Samens, die überaus rasche Entwickelung der jungen Pflanze, die Fähigkeit der Wurzeln, schnell in tiefere Bodenschichten zu dringen und so bei ausgewaschenen, oberflächlich verarmten, trockenen Böden nahrstoffreiche, feuchtere Schichten aufsuchen zu können, die Unempfindlichkeit gegen die in unserer Gegend sehr schädlichen Spätfröste, alles das verschaffte ihr eine immer zunehmende Verbreitung, bevor man daran dachte, dieser noch durch Menschenhand zu Hülfe zu kommen, und ließ sie auch im Kampfe mit der Fichte den Sieg davontragen, wo Standort und Insolation ihr günstig waren*). Zuerst finden wir 1621 beim Köthenwalde hübsche Kiefern erwähnt, und zwar sehr bezeichnenderweise „bei dem Anfange, d. h. von der Weckersdorfer Ortsflur herein, während weiter hinten nur einzelne zu finden waren, „mehrentheils aber Fichten und Tannen". Auf der Heide bei Zeulenroda, wo später die Kiefer Hauptholzart wurde, gab es unter den herrschenden Tannen und Fichten damals erst einige Kiefern; ebenso gab es zur selben Zeit auf der untern und obern Haardt nur „etwas von Kiefern". Im langen Holze „aufm Hermsdorf" standen nach der 1644er Vermessung der Saalburger Gehölze Kiefern, die meistenteils kopfdick waren. Es bekamen die Beamten und Bediensteten ihre Schleißenkiefern hieraus. Zum Beweise, daß

*) Auch anderwärts ist die Verbreitung der Kiefer ohne Anbau nachzuweisen, so im hessischen Berg- und Hügellande. Zu vergl. das über die Oberförsterei Großenlueder Gesagte in dem Aufsatze „der Anbau der Kiefer in Hessen" von Regierungs- und Forstrat Eberts, Zeitschrift für Forst- und Jagdwesen 1900, S. 53 u. 54. Vom Vorkommen der Kiefer aber auf den Anbau zu schließen ist durchaus nicht ohne weiteres zulässig.

die Kiefer in stärker abgenutzten Waldungen sich zuerst verbreitete, kann auch noch der Umstand dienen, daß im 1647er Teilungsvorschlag beim Ernseer Walde bereits der Forstortname Kieferthal vorkommt. Bemerkt soll ferner werden, daß Kienföhren im Harraer Waldzinsregister von 1731 zu finden sind.

Nach den gegebenen Belegen ist ein mäßiges Vorkommen der Kiefer nicht zu bezweifeln, wobei nur die Höhenlagen des Frankenwaldes auszunehmen sind.

Wie sie durch sich selbst Verbreitung finden kann, beweist das Beispiel des Pöllwitzer und Niederböhmersdorfer Waldes, des jetzigen Pöllwitzer Revieres. Hier, wo sie zu Beginn des 17. Jahrhunderts überhaupt nicht erwähnt wird, obwohl wir nach den nahegelegenen „Haardten" zu schließen ihr Vorkommen dort annehmen müssen, nimmt sie bereits zu Anfang des 19. Jahrhunderts einen beträchtlichen Raum ein, also zu einer Zeit, wo der künstliche Anbau noch wenig mitwirkend gewesen sein kann. Im Jahre 1810 war daselbst mehr als ein Fünftel der ganzen Waldfläche mit Kiefern bestanden, und von diesen 1281 Ackern waren 372 über 40 Jahre, 174 über 60 Jahre alt. Dabei hat also zweifellos ihre natürliche Verbreitungsfähigkeit hauptsächlich gewirkt. Günstig muß für sie gewesen sein, daß sie zum Brennholz im allgemeinen nicht verwendet, dagegen für die Herstellung von Kienspähnen zur Beleuchtung und zum Anheizen gesucht wurde. Dazu wurden aber keine großen Massen verbraucht und in ihrem geringeren Vorkommen lag immerhin ein Beweggrund, sie zu schonen.

Wenn nun schon an sich die Kiefer infolge des Lichtwerdens der Wälder und der nicht zum wenigsten durch Streunutzung herbeigeführten Verangerung des Bodens als anspruchsloseste der einheimischen Holzarten an Raum gewann, so mußte sie sich umsomehr ausbreiten, da man sie beim Beginne des Holzanbaues begünstigte. Denn zunächst hatte man, weil man glaubte, dem Holzmangel hierdurch am besten abhelfen zu können, die Absicht, raschwüchsige Holzarten in ausgedehnterem Maße anzubauen. Kiefern, Weimutskiefern und Lärchen wurden deswegen zum Anbau empfohlen. Die Kiefer ist nun bereits frühzeitig durch Mengesaat zusammen mit der Fichte angebaut worden, wie man schon nach den alten Mischbeständen vermuten kann. Auch ist darauf hinzuweisen, daß dieser Mischanbau im 19. Jahrhundert lange Zeit sehr beliebt gewesen ist. Noch vor wenigen Jahren konnte man zahlreiche und ausgedehnte Kiefern- und Fichten-Mischbestände beobachten, in denen die Fichtenbeimengung zu stark war, als daß sie auf natürlichem Wege hätte erfolgt sein können. Bei manchen ist es freilich nicht ganz ausgeschlossen, daß nach dem großen Raupenfraß, welcher den sich wieder erholenden Kiefern weniger Verluste beibrachte, diese sich in den jungen Fichtenorten in solcher Menge ansiedelten, daß sie die herrschende Holzart wurde. Dagegen liegen auch Nachrichten vor, die diese Art des Mischanbaus sicher nachweisen. So will 1798 Förster Wolf in Hirschberg einen drei Tagewerk großen Schlag in der Kohlung ohne große Kosten mit 3 Achtel gutem Fichtensamen und 1 Achtel Kiefernsamen besäen. An der Schwierigkeit, den benötigten Kiefernsamen zu beschaffen, lag es jedenfalls, daß nicht noch mehr solche Saaten ausgeführt wurden, bei denen notwendigerweise, auch wenn die Menge des Kiefernsamens eine wesentliche geringere war, diese Holzart die herrschende werden mußte. Als man später, in den 1820er Jahren, von der Saat zur Pflanzung überging, entschied für die Fichte die Leichtigkeit, mit der sie sich verpflanzen ließ.

Wir sahen oben, daß die Buche noch im 17. Jahrhundert und später einen wesentlichen Anteil an der Bestockung des Waldes nahm. Zu ihr gesellte sich eine Holzart, die wir heute, abgesehen von der Elstergegend, nur auf der Höhe des Frankenwaldes hie und da in bemerkenswerter Weise antreffen, der Bergahorn.

Auch in den ältesten Forstbeschreibungen finden wir ihn nur im Frankenwald erwähnt. Dabei müssen wir allerdings berücksichtigen, daß allein vom Franken- und Saalwalde so ausführliche Beschreibungen vorliegen, daß für jeden einzelnen Ort die Hauptholzarten angegeben werden. In der Waldbeschreibung von 1618 heißt es beim Oßlaer Berg „jung Ahornholz“, auf dem Pfaffenbachshügel bei Rodacherbrunn „einzelne Ahorne“, auf dem Titschenberge „einzehliche Ahorne“, auf der Pfalz, zwischen Jägersruh und der Titschendorfer Mühle „meist Buchen und Ahorne“, auf dem Klößberg „Buchen und Ahorne“. 1698 wird gesagt beim Oßlaer

Berg „schön jung Ahorne und Buchen“, in der Seligenstadt, südwestlich von Rodacherbrunn, „Buchen, Tannen und Areln“ (Ahorne), am Grunzebach, zwischen dem Stutenkamm und Franzensberg „Areln und Buchen“, auf dem Klößberg „jung Ahorn und anderes Holz“. Fast könnte es hiernach scheinen, als ob der Ahorn stellenweise im Frankenwalde an Raum gewonnen hätte. Auch die Waldzinsregister bestätigen, daß der Bergahorn noch am Ende des 17. Jahrhunderts ein verbreiteter Baum gewesen sein muß. Denn 1697 wurden allein aus der östlichen Hälfte des Frankenwaldes 175, im folgenden Jahre 409 Ahornstämme abgegeben. Dabei müssen wir bedenken, daß es sich hierbei nur um bessere, zu Nutzholz taugliche Bäume handelt.

Die eben ausgesprochene Vermutung, daß der Ahorn im 17. Jahrhundert sich auf dem Frankenwalde vorübergehend vermehrt haben könne, läßt sich recht wohl durch das natürliche Verhalten dieser Holzart begründen. Der Bergahorn, ein Baum des Berglandes, verjüngt sich sehr gut infolge reichlicher Samenerzeugung. Sein Same ist ziemlich flugfähig; eine kräftige, rasch in die Tiefe gehende Keimwurzel vermag auch Rasenfilz zu durchdringen und das rasche Wachstum der Keimlinge und der jungen Pflanzen besteht den Kampf mit dem Graswuchse. Der Ahornanflug braucht aber viel Licht und er geht in zahlreicher Menge bei einer Belichtung zu Grunde, die für junge Tannen und Fichten noch vollständig ausreichend wäre.

Bedenken wir nun, daß der Bergahorn auf der Höhe des Frankenwaldes als Mischholz in Buchenbeständen anzutreffen ist und daß wir ihn auch in der Elsteraue wiederfinden, bedenken wir ferner, daß wir ihn auch dort sehen, wohin die Tätigkeit des Menschen nur wenig reichte, an den steilen Saalhängen und an ähnlichen unzugänglichen Orten, so müssen wir daraus folgern, daß er in alter Zeit überall Anteil an der Bestockung des Waldes nahm.

Auch die anderen einheimischen Laubhölzer müssen früher sehr viel zahlreicher im Walde vorhanden gewesen sein als gegenwärtig. Freilich darf man nicht glauben, daß die anspruchsvolleren der deutschen Laubhölzer in unseren mittleren Lagen, also in der Höhenlage von 4—500 m zu den Hauptholzarten des Waldes zählten. Denn sie finden hier nicht mehr das Optimum ihres Gedeihens und mußten notwendigerweise denen, welchen bei gleichen Wuchsverhältnissen der Standort vollständig zusagte, unterliegen. Dies gilt vor allem von der Eiche. Daß sie aber in früherer Zeit verbreiteter gewesen ist als gegenwärtig, dafür sprechen zunächst die Forstortnamen Eichleithe (im Lobensteiner, Waidmannsheiler, Saalburger, Pöllwitzer Revier), Eichart (im Saalburger Revier), Hohe Eiche und Eichbach (im Schleizer Revier), Eichberg (im Ernseer Revier)*). Wir bemerken hierbei, daß im Oberlande der Name Eichleithe nur an einigen Südhängen haftet, ebensowie auch jetzt die Eiche unangebaut hauptsächlich an den warmen Saalhängen, deren hohe Temperatur eine von der Umgebung abweichende Flora und Fauna hervorrief, vorkommt.

Als ein urkundlicher Beweis des häufigeren und stärkeren Vorkommens der Eiche findet sich in den Floßakten des 17. Jahrhunderts ein Eichwäldlein im Niederböhmersdorfer Walde erwähnt.

Von dem Vorkommen der Linde im Walde legen Zeugnis ab die Namen Lindenknoch im Waidmannsheiler Revier (=Lindenknock d. i. Lindenhügel), Siebenlinden auf Saalburger Revier, „An den zwei Linden" im Pöllwitzer Revier. Noch vor wenigen Jahren sah Verfasser auf Ernseer Revier mitten in einem größeren Fichtenbestand mehrere alte Lindenbäume, gegenwärtig ist sie aber außerhalb der park- und mittelwaldartig bewirtschafteten Waldteile nur in dem Plänterwald der Saalhänge und an ähnlichen Orten zu finden.

Die Namen Birkenbühl (bei Schleiz), Birkenberg (bei Birkenmühle), Birkenleithe (bei Saalburg), Birkendickicht (bei Weckersdorf zeugen davon, daß die Birke früher im Walde stärker auftrat als gegenwärtig, wo der ungesellige Fichtenwald alles andere verdrängt. Freilich war dies kein erfreuliches Zeichen für den Zustand des Waldes, denn das Erscheinen der Birke anstelle von

---

*) Auch den Eckert bei Schleiz möchte man auf Eiche zurückführen, doch findet sich im 17. Jahrhundert hierfür die Form Eckardsroth, so daß man nach anderen Analogien den Namen als Rodung eines Eckard zu erklären haben dürfte (Müllersroth, Bergersreuth und andere).

Tannen, Buchen und Fichten ist ein sicheres Zeichen für die Verschlechterung des Bodens bei gleichzeitiger Auslichtung der Bestände. Im 18. Jahrhundert wird Birkenausschlagwald bei Hirschberg und Pottiga erwähnt und gleichzeitig finden wir Vorschriften über die Bewirtschaftung dieser Niederwaldbestände. Die starke Verbreitung der Birke auf dem Streitwalde zu Ende des 18. Jahrhunderts beruht sicher darauf, daß auf den Nonnenblößen sich rasch Birkenanflug angesiedelt hatte (s. o. Seite 109).

Zusammen mit der Birke stellte sich auch die Aspe ein, beides Holzarten, für deren Verbreitung ihre außerordentlich große Samenerzeugung im Verein mit der Flugfähigkeit ihrer Samen sorgt. Aspenstämme finden sich mehrfach in den alten Waldzinsregistern vom Pöllwitzer Walde.

Daß ausgedehnte Erlen-Brücher früher vorhanden waren, wurde bereits gesagt. Auch sonst war sicher die Erle viel häufiger im Walde anzutreffen.

Ulmen werden in den Lobensteiner Forstrechnungen erwähnt*).

Eine sehr auffallende Erscheinung ist das Fehlen der Eschen in den Waldungen des Oberlandes als wildwachsende, nicht angebaute Holzart. Ebensowenig finden wir sie hier in den alten Waldzinsregistern nachgewiesen. Wenn sie nun auch als ein Baum der Niederung im Oberlande nicht mehr ihr bestes Gedeihen findet,

---

*) Wir wollen hierbei noch einer Holzart gedenken, die zwar forstlich ohne Bedeutung, sonst aber von größtem Interesse für alle Naturfreunde ist, der Eibe (Taxus baccata L.). Diese findet sich noch jetzt nordöstlich von Schleiz bei dem Dorfe Löhma auf und nahe der Höhe, das Geisla genannt. Dafür, daß sie früher verbreiteter gewesen ist, spricht der Name Eibicht, welcher 1618 für einen zwischen dem Koselstein und dem Steinbühl gelegenen Forstort angegeben wird. In dieser Gegend, in der Sormitzleithe, unweit der Klettigsmühle stand noch vor einigen Jahren nach Aussage Oberförster Schräpels (Pöllwitz) ein älterer Taxus Ferner kommt Eyba im Hirschberger Revier vor. Auch der Flurnahme Eilenbusch südlich vom Dorfe Oettersdorf unweit des erstgenannten Standortes ist wohl nur eine Umgestaltung von Eibenbusch. Solche die für diesen alten Waldbaum Interesse haben, weisen wir auf die Abhandlung von Dr. P. Korschelt, Ueber die Eibe und deutsche Eibenstandorte hin. Tharander forstl. Jahrbuch 1897. S. 107 u. folgende.

so kommt sie doch angebaut so gut fort, daß es nicht erklärlich ist, warum sie nicht wie andere an den besseren, fruchtbaren und frischen Örtlichkeiten hätte vorkommen sollen. Da dies also unwahrscheinlich ist, so müssen wir zur Vermutung greifen, daß ihre große Gebrauchsfähigkeit, die sie schon als dünne Stange nutzbar macht, schon frühzeitig eine förmliche Ausrottung verursacht hat.

Der Wald älterer Zeit bot also ein viel mannigfaltigeres Bild dar, obwohl nur wenige Arten, die im Kampfe ums Dasein aus den Waldbäumen erster Größe ausgewählt wurden, die eigentlich herrschenden waren. Ein bunteres Gemenge entstand in den tiefer gelegenen Orten, in und an der Elsteraue. Hier konnten die anspruchsvolleren Laubhölzer mit fortkommen und ihre Fähigkeit, aus dem Stocke auszuschlagen, kam ihnen dabei zu Hilfe. Wo man nun, wie dies schon 1647 in den Gehölzen bei Gera erwähnt wird, auf Brennholz wirtschaftete, indem man, sobald die Ausschläge genügend erstarkt waren, mit dem Hiebe wiederkehrte, da mußte das Nadelholz fast ganz zurückgedrängt werden. Es entstand eine Niederwaldform mit wenigen Überhältern, die in der Waldbeschreibung von 1647 ausdrücklich erwähnt werden und die man stehen ließ, um Nutzhölzer zu erziehen. Erst die Verschlechterung des Bodens mußte dazu führen, daß diese Niederwaldwirtschaft namentlich an nur mittelguten Standorten unmöglich wurde. Alsdann kam wieder Nadelholz, vor allem die Kiefer, zur Herrschaft. Schon in dem Teilungsvoranschlag von 1647 werden verschiedene Orte des Ernseer Reviers in Bezug auf den Boden als gering bezeichnet!

Mehrfach haben wir in Vorstehendem, hauptsächlich um das frühere Vorkommen der Laubhölzer zu beweisen, auf die Forstortnamen zurückgegriffen. Es erscheint aber notwendig, hier einzuschalten, daß solche mit dem Namen einer Holzart gebildeten Benennungen durchaus nicht ohne weiteres einen Schluß darauf ziehen lassen, in welcher Ausdehnung die betreffende Holzart damals, als man einen Ort so zu bezeichnen anfing, vorhanden gewesen ist. Sie beweisen zunächst weiter nichts, als das bloße Vorhandensein einer Art. Erst weitere Überlegungen auf Grund anderer Momente werden uns zu Folgerungen darüber berechtigen, in welcher Weise und in welcher Menge die namengebenden Bäume an der Zusammensetzung des Waldes teilgenommen haben. Unzulässig erscheint es aber, von der Häufigkeit der mit Laubholznamen gebildeten Ortsbenennungen auf die Verbreitung desselben im Verhältnis zum Nadelholz zu schließen, wie dies beispielsweise v. Berg und Schwappach tuen*).

Bei Benennung eines Ortes wird das Volk stets ein auffallendes Merkmal, das ihn von anderen unterscheidet, hervorheben. Wenn beispielsweise ein Waldteil Siebenlinden heißt, so kann man mit Sicherheit daraus folgern, daß zu der Zeit, als der Ort seinen Namen erhielt, mehrere zusammenstehende Lindenbäume schon eine auffallende Erscheinung gewesen sind. Dorf Ilm bei Lothra (etwa 500 m Seehöhe) kann seinen Namen von wenigen Ulmen erhalten haben. Als der Forstort „Hohe Eiche" im Schleizer Walde seinen Namen erhielt, war sicher eine kräftige, hoch gewachsene Eiche hier schon eine Seltenheit. In dieser Beziehung können also solche Benennungen geradezu für das geringe Vorkommen einer Holzart beweisend aufgeführt werden.

Anders liegen die Verhältnisse, wenn wir in Zusammensetzungen auf den Namen einer verbreiteten Holzart stoßen. Beispielsweise kann der Name des Forstortes Buchhügel im Niederböhmersdorfer Walde (Pöllwitzer Revier) nicht infolge eines nur mäßigen Vorkommens der Buche entstanden sein; denn diese war noch damals, als der Ort so genannt wurde, eine gewöhnliche, überall gesehene Erscheinung, und nur das massigere, gehäufte Auftreten an einem Orte und zu einer Zeit, als sie in dieser Gegend nicht mehr Hauptholzart war, gab diesem ein ihn von anderen unterscheidendes Aussehen, das Ursache der Namensnennung wurde.

Es zeugen also die mit Buch zusammengesetzten Ortsnamen wirklich von einem flächenweisen Auftreten dieser Holzart und daß wir solche auch, oder vielmehr gerade da finden, wo die Buche jetzt wenig mehr zu sehen ist, steht mit den obigen Ausführungen in Übereinstimmung, daß sie früher neben der Tanne

*) v. Berg, Geschichte der deutschen Wälder. Dresden 1871. S. 141 u. ff. Schwappach, Handbuch der Forst- und Jagdgeschichte. Berlin 1886. S. 33.

der Hauptbaum unseres Waldes war. Von solchen Ortsbezeichnungen mögen nur noch erwähnt werden die Büchichtsleithe bei Wurzbach, der Buchberg bei Altengesees, der Buchwald bei Dittersdorf, das Buchendickicht im Pöllwitzer Walde, der Buchhau bei Großaga.

In gleicher Weise sind die mit „Tann" zusammengesetzten, oder daraus abgeleiteten Ortsnamen zu beurteilen. Bei der Tanne, die, wie wir nachgewiesen, noch im 17. Jahrhundert in unserer Gegend entschieden die herrschende Holzart war, gilt ganz besonders, daß nur ein auffälliges, massenweises Zusammenstehen dem Volke Ursache gab, einen Ort nach ihr zu benennen. In dieser Beziehung ist charakteristisch, daß gerade die Namen Tännig, Tännicht sich so oft wiederholen, also Namen, die an sich schon das bestandsweise Vorkommen in ihrem Begriffe enthalten. Die Häufigkeit dieser Benennungen kann daher als ein Beweis für die wenigstens zeitweise überwiegende Tannenbestockung aufgeführt werden.

Viel weniger häufig finden wir die Fichte in Ortsnamen, z. B. Fichteberg bei Oßla, Dürre Fichten im Saalburger Revier, Fichtig im Waidmannsheiler Revier.

Unsere Ansicht, daß die Namen von Orten und Flurteilen an und für sich noch keinen Maßstab für das Vorkommen der Holzarten bilden, finden wir noch weiter bei der Betrachtung einzelner Gebiete bestätigt. So ist unter den Forstortsbezeichnungen des Frankenwaldes, wo also die Buche sich noch am meisten erhalten hat, keiner zu finden, der auf sie hinweist, und die Tanne erscheint nur als „Hohe Tanne" bei Grumbach und „Kreuz-Tanne" bei Wurzbach. Auch in dem laubholzreichen Ernseer Hauptrevier hat weder Buche noch Eiche einem Orte den Namen gegeben, wohl aber die Tanne, Kiefer und Fichte.

Zieht man bei derartigen Folgerungen also nicht alle besonderen Verhältnisse in Betracht, so kann man zu recht unrichtigen Ergebnissen gelangen.

Durch unsere Untersuchungen glauben wir festgestellt zu haben, daß, wie der Wald noch bei Beginn der vorliegenden Nachrichten, also am Anfange des 17. Jahrhunderts in unserer Gegend an den abseits der menschlichen Niederlassungen gelegenen Orten vorwiegend aus Tannen und Buchen bestand, in alter Zeit, als die Abnutzung eine sehr mäßige war, der Wald also einen mehr oder weniger urwaldähnlichen Charakter hatte, überhaupt diese Holzarten die mittleren und höheren Lagen unseres Gebirges bedeckten. Dieses Ergebnis erscheint uns um so sicherer zu sein, als wir es zunächst aus den urkundlichen Nachrichten ableiteten, sodann aber es nach dem natürlichen Verhalten dieser Waldbäume prüften, ohne daß seine Richtigkeit hindurch zweifelhaft geworden wäre. Wir können also im Tannen- und Buchenwalde die natürliche Vegetationsform des Frankenwaldes, des Thüringer Waldes und anderer ähnliche klimatische und standörtliche Verhältnisse zeigenden Gebirge erblicken. Was wir so fanden, steht durchaus in Einklang mit den von Dr. B. Borggreve auf Grund von Studien über die natürlichen Vegetationsformen aufgestellten Thesen. In dessen Schrift „Haide und Wald" (S. 49 u. 50) heißt es: „Unter den Waldbäumen aber werden wieder schließlich die den Sieg erlangen, welche von den standörtlich möglichen und resp. annähernd gleiche Höhe erreichenden, am längsten leben und am dunkelsten belaubt sind. — Tanne oder Buche sind mithin die endlichen natürlichen und dauernden Beherrscher einer durch namhafte Eingriffe der Menschen und Tiere nicht gestörten Vegetation auf allen ihnen und zugleich einer oder mehreren unserer übrigen Holzarten zusagenden Standorten Deutschlands."

Die Fichte, die jetzige Beherrscherin der mitteldeutschen Gebirge, war also zu alten Zeiten nur eine Mischholzart, die nur an manchen Örtlichkeiten, durch besondere, anormale Verhältnisse begünstigt, vorherrschend werden konnte. Als Ursachen solcher Verhältnisse ist alles das anzusehen, was den vorhandenen, dunkeln, andere Bäume in größerer Menge nicht aufkommenlassenden Tannen- und Buchenwald zerstörte und Licht genug für den größeren Bedarf der Fichte schaffte, wie Sturm, Feuer, Insektenschaden. Folgte einem solchen Ereignis die natürliche Aussaat einer größeren Menge von Fichtensamen, so konnte wohl die Fichte von mehr oder weniger ausgedehnten Flächen Besitz ergreifen, die ihr sonst versagt blieben. Auch die anderen einheimischen Holzarten fanden trotz der

Unduldsamkeit der herrschenden Tannen und Buchen hie und da Platz zum Gedeihen. Denn das außerordentlich wechselnde Zusammenwirken der verschiedenen natürlichen Einflüsse schafft so verschiedene Lebensbedingungen veränderlicher Art, daß jeder Baum, wenn überhaupt die Möglichkeit des Fortkommens für ihn gegeben ist, Zeit und Gelegenheit findet, sich fortzupflanzen. Wenn hierbei den leichtbeweglichen Samen der Wind hilft und sie auf weite Strecken fortträgt, so bewirkt bei den schweren Samen das leichtbeschwingte Volk der Vögel, daß er nicht an der Stelle zu haften gezwungen ist.

Nachdem uns festgestellt zu sein scheint, daß im Gebirgswalde der alten Zeit, d. h. jener Zeit, als die Einwirkung der Menschen noch kaum zu spüren war, vorzugsweise Tannen und Buchen zu sehen waren, tritt uns die Frage entgegen, welche von beiden der anderen überlegen war, ob also vorwiegend Laubholz oder Nadelholz das Gebirge damals bedeckte.

Wenn Borggreve in der angeführten Schrift (S. 62, 76) im allgemeinen, abgesehen von exponierten Orten, der Buche im Urwalde oder im geschonten Plänterwalde den Vorrang einräumen will, so möchten wir dies nicht ohne weiteres für unser Mittelgebirge als zutreffend erachten. Hier dürften schon die Maifröste, welche die Buchen mehr beschädigen als die Tannen, den letzteren eine gewisse Überlegenheit verschaffen. Denn während durch sie die Buchen kurz nach erfolgtem Laubausbruch nicht selten so heimgesucht werden, daß sie sich bis zum Herbste noch nicht wieder erholen, sind die später treibenden Tannen nur durch die in der zweiten Hälfte des Mai und später, daher seltener auftretenden Spätfröste gefährdet. Anderes, so die von Borggrewe hervorgehobene Eigenschaft ihrer Sämlinge, im dunkeln Plänterwald ihre Wurzeln rasch durch die dort vorhandene reichliche Humusdecke hindurch zu treibeu, spricht wieder zu Gunsten der Buche, während wiederum der Tannensamen viel verbreitungsfähiger ist. Kurz, wenn man die verschiedenen in Betracht kommenden Momente gegenseitig abwägt, wird es schwer, einer Holzart vor der anderen den Vorrang einzuräumen. Auch ist es kaum notwendig, anzunehmen, daß entweder Tanne oder Buche die Beherrscherin der alten Wälder gewesen ist. Recht wohl möglich ist ein ebenmäßiges Nebeneinandergedeihen beider Bäume, indem bald hier der eine, bald dort der andere die Vorherrschaft behauptete, während an einem dritten Orte beide gesellig zusammen wuchsen.

Indem wir auf unsere Untersuchung zurückblicken, muß uns auffallen, wie sehr wir uns hüten müssen, das heutige Vorkommen unserer Holzarten mit dem natürlichen Verbreitungsgebiete identifizieren zu wollen. Freilich wird es dem Menschen kaum gelingen, einen Baum aus seinem natürlichen Verbreitungsgebiete heraus in ihm nicht zusagende Gegenden zu bringen. Zur Akklimatisation gehört eben die unendliche Geduld der Natur, nicht die auf nahe Erfolge gerichteten Anbauversuche des Menschen. Das aber hat der Mensch in durchgreifender Weise bewirkt, daß der Wald von heute ein ganz anderer geworden ist als der von einst, wie auch sonst die Vegetation der Kulturländer sich fast vollständig verändert hat. Alles, was wir jetzt um uns erblicken, ist das Ergebnis der menschlichen Wirksamkeit. Wir könnten daher mit Borggreve den heutigen Wald eine künstliche Vegetationsform gleich unsern Feldern und Gärten nennen, wenn uns nicht deshalb dieser Vergleich zu weitgehend erscheinen müßte, weil hier von der Fremde gekommene Kulturgewächse überwiegen, während dort autochthone Holzarten noch die Hauptbestockung bilden. Noch! Denn die größere Fluktuation der Menschen brachte auch die Bäume zum Wandern. Von den Alpen ist die Lärche in die nördlichen Mittelgebirge und Ebenen niedergestiegen. Die Weimutskiefer ist bereits im vorigen Jahrhundert über das Meer aus Nordamerika zu uns gekommen und gegenwärtig sät man hier den Samen in der neuen Heimat groß gewordener Bäume. Jahraus jahrein kommen neue Arten vom Kaukasus, von Sibirien, vom fernen Japan, von Nordamerika. Vielen bleibt der Wald verschlossen und nur in Gärten und im Parke bilden sie einen Gegenstand des Schmucks oder des Interesses, gleichwie auch unsere Waldbäume in fremden Ländern in solcher Weise bewertet werden*). Systematische Anbauversuche sollen erforschen, welche die besten sind.

*) Vor einigen Jahren las der Verfasser, daß unsere Fichte in Washington als Zierbaum an einer Allee sich angepflanzt findet.

Auf diese Weise wird die Physiognomie unseres Waldes mehr und mehr eine andere. Unrichtig wäre es, sich gegen das Eindringen fremder Elemente ganz ablehnend zu verhalten. Was uns noch fremd erscheint, kann unsern Enkeln heimisch geworden sein. Immerhin wollen wir nicht vergessen, welches eigentlich die natürliche Vegetationsform unserer heimatlichen Wälder gewesen ist. Wir wollen auch bedenken, daß meistens nicht zielbewußte Wirksamkeit, sondern unbewußtes Wirtschaften, welches den Zustand des Waldes zunächst verschlechtert hat, die Hauptveränderungen herbeiführte. Wenn wir alle Eigenschaften von Fremdländern, die ihre Anbauwürdigkeit darlegen, hervorsuchen, sollen wir auch andererseits nicht vergessen, gewissenhaft nach den Gründen zu fragen, warum manchen unserer einheimischen Bäume der Wald verschlossen bleibt. Kurz wir wollen fremdem nicht freundlicher sein als dem heimischen. Wer mit Liebe an der Heimat hängt, wird nicht ohne triftige Gründe dabei mitwirken, allzuviel fremdes hereinzubringen.

Anhang.

1. Der **Pöllwitzer Wald** führt in alter Zeit den Namen Gehörne (Gehürne, Gehirn) und wird unter dieser Bezeichnung bereits in einer Urkunde über einen Vertrag der Söhne Heinrichs des Strengen aus dem Jahre 1359 (Urkundenbuch von Dr. B. Schmidt Nr. 54: Die Markgrafen Friedrich und Balthasar von Meißen vermitteln zwischen den entzweiten Brüdern Heinrich dem älteren, Heinrich und Heinrich Reußen von Plauen einen Aussöhnungs- und Erbteilungsvertrag) mit den Worten erwähnt: „den älteren Reußen soll bleiben der Wald genannt Gehörne."

Nach der vor 1600 erfolgten Verlegung des Forsthauses von Naitzschau nach Pöllwitz, welche jedenfalls deswegen erfolgte, weil seit dem 1564er Vertrag zu Pönigk der Pöllwitzer Wald vorläufig der jüngeren Linie zugefallen war, hat sich, wie man annehmen kann, eben wegen dieser Verlegung der Name Pöllwitzer Wald mit eingebürgert und geschah dies zunächst für die bei Pöllwitz gelegenen Teile. So steht in der Beschreibung der Herrschaft Gera vom Jahre 1647: „Der Pöllwitzer Wald wird die Hälfte der Pöllwitzer Wald und die andere Hälfte das Gehirn genannt." Später wurde die erste Bezeichnung die allein gebräuchliche und gegenwärtig hat nur noch der beim Dorfe Neuärgerniß gelegene Revierteil die Bezeichnung „das Gehörne."

Im vollen, unbestrittenen Besitze dieses Waldes ist die jüngere Linie erst seit dem Jahre 1597 infolge des Rezesses vom 1. Oktober, welcher einen vom 16. Dezember 1596 zwischen den Herren Heinrich dem Älteren, Herrn von Obergreiz, Heinrich dem Mittleren, Herrn von Schleiz und Heinrich Posthumus, Herrn von Gera, abgeschlossenen Teilungsvertrag betreffs verschiedener unerledigt gebliebener Punkte ergänzte. Darin heißt es:

„Vors dritte ist zwar zwischen beiderseits wohlgemeldter Herren Reußen Herren Vätern, den Mittleren und Jüngeren Herren, beiden Christseligen, im Dezember des 65. Jahres zu Pönigk ein Vertrag gemachet worden, darinnen der Jüngere Herr gewilliget, seinem Mittleren Herren Bruder den Wald bei Pödelwitz, das Gehörn genannt, aufs gewisse Maß käuflich unterkommen zu lassen, welcher Kauf aber aus allerhand vorgefallenen Hindernissen bishero ersitzende blieben; nun ist in fleißiger Erkundigung und Nachfrage befunden, daß solcher Wald von der Herrschaft Gerau nicht füglich zu entrathen, dargegen die Jagden hierauf, um der Abgelegenheit willen, nützlicher gen Greiz denn gen Gera zu gebrauchen, derowegen von wohlgedachten Herren Unterhändlern vorgeschlagen und bei beiderseits Herren Prinzipalen erhoben, daß hinfüro der Aeltere und Mittlere Herr von solcher Kaufsgerechtigkeit abgetreten und Ihrer L. L. Herren Vettern dem Jüngeren Herren noch hierzu von Ihrem Grund und Boden eine bei diesem Walde gelegene Baustatt zu einer Schneidemühl mit allen Gerichten und Gerechtigkeiten erblich einräumen und zueignen wollen; dargegen will der Jüngere Herr S. L. geliebten Aelteren und Mittleren Herren Vettern die hohen und niederen Jagden samt allem Waidwerk auf vielgenanntem Gehörne auch erblich abtreten und übergeben, will auch mit Vermietung der Hutweide der Wildbahn vorsätzlich keinen Nachteil zuziehen, sondern dieselbe anders nicht als wie Alters her genießen, sowohl S. L. allda habenden Förster eine gewisse Maß, wieviel er Vieh halten und wie weit er es in Wald treiben soll, bestimmen."

Hiernach ist die öfters gehörte Meinung, daß eine Teilung in der Weise stattfand, daß die ältere Linie die Jagd, die jüngere den Grund und Boden bekam, nicht wörtlich richtig, da von 1564—1597 ein gemeinschaftlicher Besitz nicht bestand. Nur das Recht des Kaufes gab die ältere Linie gegen die Überlassung der Jagd auf.

2. Was die vom 17. Jahrhundert ab üblichen **Längen-** und **Flächenmaße**, sowie **Holzraummaße** betrifft, so ist hierüber nachstehendes ermittelt worden. Es ist anzunehmen, daß in den Herrschaften Lobenstein-Ebersdorf von alters her Nürnberger Maß, dagegen in den übrigen Herrschaften (Gera, Schleiz mit Saalburg) sächsisches Maß gebräuchlich war, was sich aus den politischen*) und Handels-Beziehungen unschwer erklärt. Daneben wurde auch mit anderem Maß gemessen und die Maßeinheiten erfuhren anscheinend willkürliche Abänderungen, sodaß im 18. Jahrhundert eine große Unsicherheit eingetreten war. Hierüber giebt das nachstehende größtenteils vollständig wiedergegebene Schriftstück, welches einen Teil eines umfangreichen Aktenstückes bildete, in anschaulicher Weise Auskunft:

„Des Forstschreiber Möhrings Observationes wegen des eigentlichen Maases derer Tagewercke und Holtz-Lachtern 1747.

Pro Memoria.

Ebersdorf, den 6. Nov. 1747.

Nachdem Herr Forstmeister von Beulwitz hat bekandt gemacht, daß nächstens im Franken-Walde ein Tagewerck von dem Herrschaftl. Walde einem Unterthanen zu Ditschendorf zu Wiesewachs solle verkaufft und zugemeßen werden, so fallen die 2 Umstände zu untersuchen und resolviren vor 1.lich, Welches das eigentliche hergebrachte Maas sowohl zu Messung der Felder und Wälder, als auch des Klaffter- und Scheitholtzes bey der Herrschaft Ebersdorf sey: ob vor alters die Lobensteinischen und Ebersdorfischen Waldungen, da sie noch beysammen gewesen nach dem Nürnberger Maas sind behandelt worden oder nach dem Inländischen als Lobensteinischen oder Gerauischen Maas. 2tens Wieviel Quadratruthen auf ein Tagewerck gerechnet werden, es sei nun nach diesem oder jenem Maas.

*) Zu vergl. Dr. Berthold Schmidt, Burggraf Heinrich IV. Gera 1888. S. 184 u. 185. Ferner 56. u. 57. Jahresbericht des Vogtländischen altertumsforschenden Vereins zu Hohenleuben. Zur Genealogie des Reußischen Hauses von demselben Verfasser. S. 32 u. 33. Ferner Reußische Münzgeschichte, von demselben Verfasser. S. 42.

Soviel man nun aus den alten Nachrichten (weiß), so sind

1.

Ao 1644. Der gantze Francken- und Saalwald durch Johann Fröhlichen einen damahlig gerauischen Mathematicum gemessen worden, welcher ausdrücklich sagt: Es sey geschehen:

aus waren und richtigen geometrischen fundament die Ruthen zu 8 gerauischen Ellen oder 16 Gevierte-Werck-schuhen und den Acker zu 160 Quadrat- oder Geviert-Ruthen als (NB.) deren Orth gebräuchlich ist gerechnet pp."

Woraus man teutlich siehet, daß vor 100 Jahren die gerauische Elle ist gebräuchlich gewesen, und sie nicht nach Tagewercken, sondern nach Ackern, dann 160 □Ruthen auf einen Acker gerechnet haben, wonach auch alle die alten Geräumde sind gemeßen worden.

2.

Wurde auf denen Lobensteinischen Waldungen gegen anno 1743 und 1744 hin eine untersuchung angestellet, einige alte geräumde auszumessen, ob man könnte herausfinden, was sie vor eine Arth zu meßen gebraucht, und wie viel sie auf ein Tagewerk oder Acker Quadratruthen gebraucht. Wobey Ihro des II. Herrns Hochgräfl. Gnaden in hoher Anwesenheit selbst sich die Mühe gaben, es mit zu untersuchen, da wurde aus einem alten Waldgeräumden-Zinß-Register gezeuget, sowie die alten es eingeschrieben

1 Tagewerck helt 282 Ellen.

$^1/_2$ Tagewerck 141 und $^1/_4$ Tagewerck $70^1/_2$ Ellen, möchte ungefähr auf ein Tagewerck 9 achtel Korn fallen.

Wie aus der Beylage A zu sehen, da man sich viele mühe gegeben, den Satz auszufinden. Das gemeßene Geräumde hatte nun ein ziemliches Verheltniß mit der Beschreibung, nur das machte uns irrig, daß es Ellen, und nicht Ruthen hieß, ohne Zweifel aber ist es ein Fehler, daß der Meßer seine Procedur beym Meßen nicht recht angegeben oder der Concipient nicht recht verstanden und also statt Ruthen Ellen geschrieben. Hier siehet man nun, daß man zu der Zeit wieder eine andere Arth zu messen gehabt habe. . . . . .

Dem sei aber wie ihm wolle, so ist doch soviel gewiß, daß die alten nicht das Nürnberger Maas gehabt und 324 Quadrat-Ruthen*) auf das Tagewerck gerechnet, denn unter allen Reußischen Herrschaften ist das Nürnberger Maas in diesen Fällen nicht üblich und nur allein in der Herrschaft Ebersdorf.

3.

Wurde Herrschaftswegen befohlen, auch einige Tagewercke von den älteren nachzumessen, umb zu sehen, was die alten Feldmesser, worunter der alte Herr Schäffer von Altenburg gewesen, vor Tagewercke weg gemeßen. Da nun gleich dem Wirth Lautenschläger auf dem Rothbacherbrunn sollte etwas weggemeßen werden, machte man einen Versuch und fand ein alt Tagewerck, so der Schäffer weggemeßen, daß es 270 □Ruthen nach dem Nürnberger Maas hielte, wornach auch dem Lautenschläger weggemeßen wurde. Diese 270 □Ruthen machen 292 □Ruthen nach dem Lobensteiner und kommt den im vorigen § gedachten 282 Ellen auch nahe."

Zum Schluß wird erwähnt, daß auch über das Holzmaß in einer Forstkonferenz Überlegung gehalten worden sei und der nunmehr zur Regierung gekommene 24. Herr gebeten, Bestimmung zu treffen, welches Maß in Zukunft gelten solle. Was darauf erfolgt ist, findet sich nicht nachgewiesen.

Diese Ausführungen enthalten unter Ziffer 1 und 2 eine zu weit gehende Folgerung, indem angenommen worden ist, daß in der Lobensteiner Herrschaft im 17. Jahrhundert Geraer Maß allgemein gebräuchlich gewesen sei. Tatsächlich ist nur das in der Herrschaft Gera, Schleiz, Saalburg gebräuchliche auch in der Lobensteiner Herrschaft angewendet worden — eine unbedingte Notwendigkeit, denn bei einer Vermessung, die in Absicht auf Teilung erfolgte, mußte mit einerlei Maß gemessen werden. Das

*) Derselbe Möhring giebt in Akten über die Besichtigung der Ebersdorfer Forsten 1747 an, daß ein Acker sowohl im Lobensteinschen, wie im Ebersdorfischen 324 Geviertruten hatte; dabei hatte aber Ebersdorf Nürnberger Maß, Lobenstein das inländische, d. h. das sonst in Reuß angewendete sächsische Maß.

Nürnberger Maß war noch bis zu der 1872 erfolgten Einführung des Metersystems in dem Ebersdorf-Lobensteiner Landesteile in Anwendung.

Die der 1644er Forstvermessung zu Grunde liegende Flächen-Maßeinheit, der Geraer Acker, ist sicher mit dem damaligen sächsischen Acker identisch gewesen. Denn sächsisches Maß gab es überhaupt überall in den thüringischen Fürstentümern*). Da nun von dem alten Leipziger Ratsfuß zu 125,3 Pariser Linien = 0,282655 m sechszehn auf eine Rute gerechnet wurden und der Acker wiederum 160 Geviertruten enthielt, so berechnet sich hiernach der alte Acker zu 0,327247 ha. Dieser Acker war nach dem unten angeführten kleinen Werk, welches eine gute Übersicht über diese Verhältnisse giebt, noch im 19. Jahrhundert in Meiningen-Saalfeld und in Reuß-Greiz das übliche Flächenmaß. Bestätigt werden vorstehende Erwägungen, wenn man die 1644er Vermessung mit der gegenwärtigen vergleicht, ein Vergleich, der natürlich nur bei Revieren und Parzellen möglich ist, deren Ausdehnung im großen und ganzen dieselbe geblieben ist. Auch hierbei kommen wir auf das Verhältnis 1 Acker = rund ein Drittel Hektar. Der Lobenstein-Ebersdorfer oder Nürnberger Acker dagegen hatte bei gleicher Einteilung 0,378188 ha, da der Nürnberger Fuß (zu 134,7 Pariser Linien) 0,303973 m enthielt. Hiernach scheint auch die Vermessung des Pöllwitzer Reviers im Jahre 1811 stattgefunden zu haben.

Noch verwickelter als bei den Flächenmaßen lagen die Verhältnisse bei den Holzraummaßen.

Einheit war wie überall die Klafter oder Lachter. Jede solche scheint ursprünglich 6 Fuß oder 3 Ellen hoch und breit und 2 Ellen oder 4 Fuß lang gesetzt worden zu sein. Später wurde die

*) Der alte Leipziger Ratsfuß galt noch im vorigen Jahrhundert in Meiningen-Saalfeld, Reuß-Greiz, Schwarzburg-Sondershausen (Oberherrschaft), der neue Leipziger Fuß zu 125,5 Pariser Linien = 0,28319 m in Kgr. Sachsen und in Altenburg; nur ganz geringe Abweichungen von beiden hatte der Erfurter Fuß (125⅔ L.) der von Schwarzburg-Rudolstadt (125,1) der von Schw.-Sondershausen-Unterherrschaft (125,24) sowie der Weimaer (125,0 Par. L.). Zu vergl. Maß-Reduktions-Tafel von v. Holleben, Rudolstadt 1837.

$^7/_4$ellige Klafter bei den Floßholzverträgen allgemein üblich. Aber noch 1614 beschweren sich die Vertreter von Weimar-Altenburg, daß die Scheite kürzer wären als die bewilligten 2 Ellen. Man einigte sich aber unschwer auf $^7/_4$ Ellen.

Erst sehr viel später, als Holzmangel eintrat, namentlich als der Bedarf an Brennholz immer schwerer befriedigt werden konnte — in der Mitte des neunzehnten Jahrhunderts — wurde die Scheitlänge noch weiter auf $^6/_4$ Ellen verkürzt, d. h. man erhöhte eben hierdurch die Holzpreise im Verhältnis 6 : 7.

Was nun die absolute Größe der Klafter betrifft, so ist wiederum zu berücksichtigen, daß in Schleiz und Gera sächsisches Maß geltend war. In der Herrschaft Lobenstein dagegen, glauben wir, war aus den oben angegebenen Gründen, weil eben Lobenstein mehr zum fränkischen als zum sächsischen Kreise gehörte, das nürnbergische Maß das ursprüngliche. Freilich war in der Herrschaft Lobenstein, von der Ende des 17. Jahrhunderts die neue Herrschaft Ebersdorf abgetrennt worden war, im 18. Jahrhundert nicht mehr die Nürnberger Klafter beim Holzverkaufe in den gräflichen Forsten üblich*). Auch wurde die Lobensteiner Klafter vorübergehend nach dem Ebersdorfischen übertragen und bei Verhandlungen über die Veränderungen des Holzmaßes 1747—1749 wurde die Vermutung ausgesprochen, daß das Nürnberger Maß erst Anfang des Jahrhunderts in den Ebersdorfer Forsten eingeführt worden sei. Dem gegenüber verwahrt sich aber der Wurzbacher Förster Specht und bezeugt ausdrücklich, daß man bei seinem 1714 erfolgten Amtsantritt von keinem anderen Maß als vom Nürnberger Werkschuh gewußt habe. Späterhin wurde aber auch diese Erinnerung verdunkelt. Denn als 1797—1798 die Lobensteiner Holzklafter hauptsächlich wegen der gemeinsamen Holzkäufer, insbesondere der Hammerwerke, zum Teil aber wohl auch wegen ihres geringeren Inhalts und der hierdurch bewirkten Erhöhung der Holzpreise im Ebersdorfischen eingeführt wurde, konnte der Lobensteiner Forstmeister von Beulwitz keinerlei Auskunft darüber geben, seit wann dort das Klaftermaß nach der Lobensteiner Elle

*) 100 Ebersdorfer d. h. Nürnberger Klaftern = 114 Lobensteiner.

berechnet wurde. Er schreibt: „Ob man aber dießorts das Lachtermaas nach der Elle eingeführt habe, und von dem Nürnberger Werckschuh abgegangen sey, oder ob nicht vielmehr dieses Maas, wie ich glaube, von jeher üblich geweßen, läßt sich so wenig aus den Acten als mündlichen Traditionen erweisen.“ Unter „diesem Maas“ versteht er die Lobensteiner Elle, denn er neigt zur Ansicht, daß das Lobensteiner Holzmaß das ursprüngliche gewesen und daß der Nürnberger Werkschuh erst später im Ebersdorfischen eineingeführt worden sei. Dabei erwähnt er nebenbei, daß die Lobensteiner Elle, ohne daß er sagen könnte wie, gegen ältere Zeiten $^1/_3$ Zoll Zusatz erhalten habe.

Unsere gegenteilige Ansicht, daß das Nürnberger Maß das ältere war, wird nun ferner auch dadurch befestigt, daß die Einführung des Lobensteiner Maßes nur vorübergehend war. v. Holleben giebt in der obenerwähnten Schrift 1837 für Reuß-Lobenstein und Reuß-Ebersdorf nur Nürnberger Maß an und bis zur Einführung des metrischen Maßes war der Nürnberger Fuß die Einheit beim Holzmaß. Auch die Saalburger Elle = 268,87 Pariser Linien, die bis zu genanntem Zeitpunkt galt, war der Nürnberger = 269,4 Pariser Linien fast ganz gleich*). In entsprechender Weise hatte Hirschberg die Hofer Elle = 282,3 Pariser Linien, d. h. das Maß des angrenzenden bairischen, früher bayreuthischen Gebietes.

Wenn wir oben gesehen haben, daß die bei den Floßholzverträgen gebräuchlichen Klaftern 6 Fuß hoch und breit, $3^1/_2$ Fuß lang gesetzt wurden, so ist hierbei zu berücksichtigen, daß für die Höhe und Breite vertragsmäßig Übermaß ausbedungen war. Dasselbe betrug teilweise 4 Zoll, teilweise 5, teilweise 6 Zoll. Der Rauminhalt berechnete sich hiernach anstatt der ursprünglichen 126 Kubikfuß auf 140 bis 148 cbf. Später scheint das Übermaß nur der Höhe zugelegt worden zu sein und die bis in neuere

*) Brückner, Landeskunde S. 279. Daß im Lobensteiner Landesteile nur die Lobensteiner Elle gebräuchlich war, ist nicht richtig. Bei der Anfang der 50er Jahre erfolgten Vermessung des Frankenwaldes wurde Nürnberger Maß angewendet. Wohl zu beachten ist bei Beurteilung dieser Verhältnisse, daß öfters in demselben Gebiete zweierlei Maß gebräuchlich war.

Zeit in Lobenstein, Ebersdorf und Schleiz gebräuchliche Klafter wurde 7 Fuß hoch gesetzt, enthielt also 147 Kubikfuß, hier sächsischen, dort Nürnberger Maßes.

In den unterländischen Revieren Pöllwitz, Neuärgerniß und Ernsee finden wir dagegen im 19. Jahrhundert die Klafter zu 126 Kubikfuß, welche nach Verkürzung der Scheitlänge auf $^6/_4$ Ellen auf 108 Kubikfuß vermindert wurde. Auch in Lobenstein-Ebersdorf hatte die Klafter vor Einführung des metrischen Maßes nur noch 126 Kubikfuß. Dagegen enthielten die Schleizer Deputatholzklaftern bis zuletzt 147 Kubikfuß, während für den Verkauf die Klaftern zu 108 Fuß aufbereitet wurden. Die Klafter zu 147 Kubikfuß müssen wir also für die althergebrachte ansehen.

Drücken wir nun den Klafterinhalt in Kubikmetern aus, so finden wir

1 Nürnberger Klafter zu 147 Kubikfuß (1 cbf = 0,028087 cbm)	=	4,13 cbm
1 Nürnberger Klafter zu 126 cbf	=	3,54 „
1 sächsische Klafter zu 147 cbf (1 cbf = 0,022711 cbm)	=	3,34 „
1 sächsische Klafter zu 126 cbf	=	2,86 „
1 „ „ „ 108 „	=	2,45 „

Wollen wir den reinen Holzgehalt der in den älteren Schriften allein in Frage kommenden 147fußigen Klaftern ermitteln, so finden wir

1 Nürnberger Klafter	=	3,1 Festmeter,
1 sächsische „	=	2,5 „

3. Die vorliegenden älteren und neueren Aktenstücke geben uns die Möglichkeit die Bewegung der **Holzpreise** während dreier Jahrunderte zu verfolgen. Wir beschränken uns hierbei auf die Betrachtung der Brennholzpreise, da sich zwar auch die Preise der Nutzhölzer verschiedenfach angegeben finden, aber die Unbestimmtheit, welche den Bezeichnungen der einzelnen Nutzholzstücke anhaftet, die nach ihrer Gebrauchsfähigkeit als Schwellbäume Baustämme, Schindelbäume u. s. f. bezeichnet werden, einen Vergleich der Nutzholzpreise zu verschiedenen Zeiten unsicher machen würde. Bei den Brennhölzern dagegen ließ sich die Maßeinheit mit genügender

Sicherheit feststellen und und ist, was besonders wichtig ist, wenigstens in der Schleizer Herrschaft Jahrhunderte lang dieselbe geblieben.

Wir beschränken also unsern Vergleich auf die Klafter (zu 147 Kubikfuß) gutes d. h. gesundes Holz in den Schleizer Waldungen, ohne die Brennholzpreise anderer Reviere ganz zu übersehen und setzen allenthalben, wo nichts anders gesagt wird, voraus, daß Nadelholz und der Waldpreis ohne Aufbereiterlohn gemeint ist.

Wir haben oben (S. 15) erwähnt, daß Heinrich Posthumus für den Bedarf der Stadt Gera eine größere Menge Holz, die Klafter um 2 Groschen 9 Pfennige von Heinrich dem Älteren von Greiz kaufte. Im allgemeinen aber scheint der Kaufpreis einer Klafter bereits Ende des 16. Jahrhunderts 4 Groschen gewesen zu sein. Zu dieser Taxe wurde es 1594 in Schleiz an die „Auswärtigen" verkauft, während es den Bürgern um $^1/_2$ Groschen billiger zu stehen kam*).

Der 1601 abgeschlossene Saalfloßvertrag setzte den Waldpreis auf $4^1/_2$ Groschen fest; dabei mußte jedoch die Klafter 2 Ellen lang sein, so daß hiernach eine $^7/_4$ ellige Klafter noch nicht ganz 4 gr gekommen wäre. Bald stiegen die Preise. Bereits 1617 wurden nach den mit den sächsischen Häusern Altenburg und Weimar abgeschlossenen Verträgen 5 gr für die $^7/_4$ ellige Klafter gezahlt und 1627 gab Chursachsen schon 10 gr für die Klafter.

Infolge des dreißigjährigen Krieges sind die Holzpreise gefallen und hielten sich längere Zeit im Tiefstand bis ein neuer Aufschwung von Handel und Gewerben einzutreten begann. Noch im Jahre 1679 wurden die reußischen Unterhändler beim Abschlusse eines Floßholzvertrages ermächtigt zu 8 oder auch 7 und 6 Groschen abzuschließen, aber schon 1682 zahlten die Sachsen 12 gr für die Klafter Floßholz.

Soviel sollte auch in Schleiz, nachdem im Jahre 1708 eine Erhöhung der Holzpreise eingetreten war, die Klafter kosten. Die weitere Entwickelung der Brennholzpreise vom Schleizer Walde gestaltete sich nun im 18. Jahrhundert wie folgt:

---

*) Im Jahre 1552 erhöhte Burggraf Heinrich IV. den Waldzins für 1 Klafter Tannenholz auf 3 gr, für 1 Klafter Buchenholz auf 5 gr. Burggraf Heinrich IV. zu Meißen, von Dr. Berthold Schmidt. Gera 1888. S. 217.

Im Jahre:

1711 16—18 gr.
(1714 zahlte auf dem Schleizer Streitwald ein Hammerwerksbesitzer 9—10 gr.)

1725 17 gr (außerdem 1 gr Anweisgeld).

1727 18 gr (ausschließlich des Anweisgeldes).

1733 19 gr (desgleichen).

1738 Es wird bemerkt, daß die Klafterholzpreise in Hof viel höher wären. Dort kostete 1 Klafter vor das Haus gefahren 3 Gulden 9 gr. Die Preise im Ebersdorfschen und Lobensteinschen waren dagegen den Schleizern fast ganz gleich. In Rücksicht auf die höheren Holzpreise der angrenzenden Gebiete wird der Klafterholzpreis ohne Anweisgeld auf 20 gr erhöht.

1742 stehendes Holz kostete 1 Gulden = 21 gr.
liegendes 20 gr.

1743 das frische, stehende Holz sollte um 1 gr teurer als im Vorjahre verkauft werden, die Windbrüche aber um den alten Preis, die Klafter aufgesetztes Holz um 1 fl 3 gr.

1744 unverändert wie in anderen Jahren auch wurde auf dem Oschitzer Walde 1—$1^1/_2$ gr mehr gezahlt.

1748 1 fl 2 gr = 23 gr. Für die Streu mußten außerdem 2 gr und als Anweisgeld 1 gr bezahlt werden.

Zu gleicher Zeit kostete im Frankenwald das Brennholz 14—16 gr, im Saalwald 18—20 gr.

Bis dahin wurde der Holzpreis für das unaufbereitete Holz gezahlt. Von 1749 ab wird der Preis für das aufbereitete Holz festgesetzt. Das Holzschlägerlohn betrug 3 gr*), das Anweisgeld nach wie vor 1 gr.

1749 1 fl $6^1/_2$ gr = $27^1/_2$ gr ausschließlich der Streu, aber einschließlich des Anweisgeldes.

1757 1 fl $5^1/_2$ gr = $26^1/_2$ gr für die Bürger,
1 fl 11 gr = 32 gr für die Sachsen.

*) Dasselbe hatte in den ersten Jahrzehnten des 18. Jahrhunderts aber auch 4 und 5 gr betragen.

1761 1 fl 6 gr = 27 gr für die Bürger,
1 fl 12 gr = 33 gr für die Mühltroffer (Sachsen).
1762 1 fl 15 gr = 36 gr für die Bürger,
2 fl 8 gr = 50 gr. für die Mühltroffer.

Die Unterthanen auf dem Lande zahlen 1761 2 gr, der Ratsziegler und die Schmiede auf dem Lande 3 gr mehr als die Bürger; im folgenden Jahre zahlten die Schmiede sogar 6 gr mehr als diese.

Diese starke Erhöhung der Holzpreise ist sicher wegen der Verschlechterung der Münzverhältnisse eingetreten, denn es heißt: „bei den Hölzern, welche baumweis weggegeben werden, wird schon wegen des Geldes darüber geschlagen."

1781—1786 sind die Holzpreise noch unverändert wie 1762.
1788*) Die Schleizer zahlen nur noch 34 gr, die Dörfer 36 gr, der Löhmaer Ziegler 37 gr.
1792 keine Veränderung, auch die Mühltroffer zahlen nur 37 gr.
1798 32 gr für die Schleizer, 34 gr für die auswärtigen.
1802 noch fast unveränderte Holzpreise. Nach Langenbuch (Sachsen) wird für 37 gr verkauft.

---

*) Von 1788—1841 gilt der Taler 24 Groschen, die Groschen sind im Verhältnis 4 : 5 zu vermehren, will man mit den früheren Jahren von 1788 und den späteren nach 1841 vergleichen. Es war nämlich der alte sächsische Gulden nach dem 20 Gulden-Fuß ausgeprägt worden, derart daß 20 Gulden = 420 Groschen auf 1 Feine Mark = 233,8555 Gramm (1 Groschen 0,557 Gramm) gingen. Von den nach dem siebenjährigen Krieg eingeführten Talern gingen aber nur 14 oder 336 Groschen auf eine feine Mark; bei dieser Währung ist also der Groschen um 25 % gewichtiger. Als nun 1857 der Taler zu 30 Groschen geprägt wurde, so wurde bestimmt, daß der alte Taler zu 24 gr dem neuen zu 30 gr gleich zu achten sei. Da 14 Taler = 420 Groschen, ist dieser neue Groschen dem Groschen des alten Guldens also gleich. Tatsächlich ist derselbe auch dem Silbergehalt nach mit diesem fast ganz gleichwertig. 1 Neugroschen enthielt nämlich $^1/_{900}$ ℔ = 0,5555 . . . Gramm. Selbstverständlich ist hier unter Groschen nicht die einzelne Scheidemünze, sondern der 21. Teil des Guldens oder der 30. des Talers zu verstehen. In der späteren Preisvergleichung mittels ausgeglichener Zahlen ist die Umrechnung der Groschen von 1788—1841 dementsprechend erfolgt. Dabei ist jedoch zu bemerken, daß die Einführung des 24 Groschen-Talers in den Forstrechnungen 25 Jahre nach der betreffenden Verordnung erfolgte. Denn diese datiert aus dem Jahr 1763.

Im Jahre:

Zu dieser Zeit wird faules Holz bereits gesondert aufbereitet, die aufgeführten Holzpreise gelten für „gutes" Holz.

1803 unverändert, auch die Mühltroffer geben nur 34 gr.

1805 unverändert; die Mühltroffer geben jetzt gleichfalls nur 32 gr und verschwinden nach und nach von jetzt ab die für die Auswärtigen angesetzten besonderen Preise.

Im Jahre:		Im Jahre:	
1808	werden 36 u. 40 gr bezahlt.	1877	169 gr.
1810	36—64 gr, im Mittel rund 50 gr.	1878	200 gr.
		1883	203 gr.
1812	im Mittel 60 gr.	1884	208 gr.
1814	im Mittel 63 gr.	1885	210 gr.
1816	72 gr.	1886	234 gr.
1825	noch unverändert.	1887	234 gr.
1827—37	88 gr.	1888	224 gr.
1839—41	96 gr.	1889	217 gr.
1842—46*)	120 gr.	1890	224 gr.
1847	130 gr.	1891	240 gr.
1848	unverändert.	1892	250 gr.
1849—53	105 gr.	1893	213 gr.
1854—57	108 gr.	1894	215 gr.
1858—65	125 gr.	1895	200 gr.
1866—71	150 gr.	1896	250 gr.
1873	154 gr.	1897	250 gr.
1874	190 gr.	1898	246 gr.
1875	175 gr.	1899	237 gr.
1876	171 gr.	1900	214 gr.

Rechnen wir nun um vergleichsfähige Zahlen zu erhalten bis zum Jahre 1750 je 1 gr Anweisgeld im 17. Jahrhundert ferner 3 gr und 3,5 gr Schlägerlohn und bis zum Jahre 1750 4 gr Schlägerlohn hinzu, so ergeben sich nach erfolgter graphischer Ausgleichung folgende Holzpreise für die sächsische Klafter = 3,34 Kubikmeter.

*) Der Konventionsthaler zu 30 gr ist eingeführt worden.

Im Jahre:			Im Jahre:		
1600	8	Groschen.	1790	44	Groschen.
1625	11	„	1800	54	„
1650	13	„	1810	65	„
1675	15	„	1820	76	„
1700	18	„	1830	88	„
1710	21	„	1840	101	„
1720	23	„	1850	116	„
1730	25	„	1860	134	„
1740	27	„	1870	153	„
1750	29	„	1880	184	„
1760	31	„	1890	216	„
1770	33	„	1900	248	„
1780	38	„			

Wir können demnach, da die Änderungen der Maß- und Münzverhältnisse berücksichtigt wurden, die gegebenen Zahlen als einen richtigen Maßstab für die Preisbewegung des Brennholzes in den letzten drei Jahrhunderten ansehen, wobei freilich die immerhin subjektive graphische Ausgleichung große Preisschwankungen, wie beispielsweise die durch den dreißigjährigen Krieg hervorgerufene, beseitigt hat. Auf gleiche Weise ist aber auch das sprungweise Steigen der Preise, wie es der Taxverkauf mit sich bringt, ausgeglichen worden. Bei Anwendung der Zinseszinsformel berechnet sich nach den zuletzt aufgeführten Zahlen eine Preissteigerung in den Jahren 1600—1900 von 1,15 % und zwar:

im 17.	Jahrhundert	0,81 %
„ 18.	„	1,10 %
„ 19.	„	1,54 %

Wir sehen hieraus daß die Preissteigerung des Brennholzes im 19. Jahrhundert trotz der Einführung der Steinkohlenfeuerung, die in Schleiz im Jahre 1859 beginnt, eine sehr viel größere als in den früheren Zeiträumen gewesen ist, eine Folge des stark verminderten Angebotes, welches ermöglicht und verursacht wurde durch die vielseitige Verwendung des Holzes zu anderen Zwecken bei allgemeiner günstiger Entwickelung der Industrie.

GPSR Compliance

The European Union's (EU) General Product Safety Regulation (GPSR) is a set of rules that requires consumer products to be safe and our obligations to ensure this.

If you have any concerns about our products, you can contact us on ProductSafety@springernature.com

In case Publisher is established outside the EU, the EU authorized representative is:

Springer Nature Customer Service Center GmbH
Europaplatz 3
69115 Heidelberg, Germany

Batch number: 10844655

Printed by Printforce, the Netherlands